上海高校服务国家重大战略出版工程出版资助
上海市设计学IV类高峰学科资助项目-服饰文化历史与传承研究团队-DD17002

历代《舆服志》图释

元史卷

李　蕓◎主编
曹　喆◎著

東華大學出版社
·上海·

图书在版编目（CIP）数据

历代《舆服志》图释. 元史卷 / 李薨主编；曹喆著
. —上海：东华大学出版社，2017.12
ISBN 978-7-5669-1341-8

Ⅰ.①历… Ⅱ.①李… ②曹… Ⅲ.①服饰—中国—元代—图解 Ⅳ.①TS941.742.47-64

中国版本图书馆CIP数据核字（2017）第316751号

责任编辑：马文娟
装帧设计：上海程远文化传播有限公司

历代《舆服志》图释·元史卷
LIDAI YUFUZHI TUSHI YUANSHIJUAN

李 薨 主编
曹 喆 著
出 版：东华大学出版社（上海市延安西路1882号，200051）
网 址：http://dhupress.dhu.edu.cn
天猫旗舰店：http://dhdx.tmall.com
营销中心：021-62193056 62373056 62379558
印 刷：上海雅昌艺术印刷有限公司
开 本：889mm×1194mm 1/16 印张：12.5
字 数：480千字
版 次：2017年12月第1版
印 次：2017年12月第1次印刷
书 号：978-7-5669-1341-8
定 价：198.00元

序

2015年底，《历代〈舆服志〉图释·辽金卷》出版，很快课题团队开始投入到后继研究工作中。

我们同时期着手的有《后汉书》、《晋书》、《元史》和《明史》，最先完稿的是元史卷。《元史·舆服志》与辽金史《舆服志》有共同之处，一是辽、金、元的建立者均为北方少数民族，其舆服制度的建构本身就有一个逐步健全的过程，若后世的编撰再有粗疏，则其舆服的记录会简陋缺失。例如《辽史》和《元史》，二者均出现这样的状况。二是其中有不少名物是各民族语言的音译，其字义往往令人费解。以上两点均给舆服图释研究带来很多困难。《〈元史·舆服志〉图释》的撰写者是我的同门曹喆，他曾参与《中国北方古代少数民族服饰研究》丛书的编撰，负责《元蒙卷》的写作，期间积累的大量图像资料为此次研究工作打下了坚实的基础。在文图互证过程中，若无元代图像可寻，则会参考唐、宋、明时期的图像予以辅助。曹喆绘图功底扎实，书中有大量线描和复原图为其亲自所绘，为舆服形制的说明增色不少。

《历代〈舆服志〉图释》丛书陆续顺利出版，得多人鼎力相助。恩师包铭新教授一直关注该课题的研究，每每有新的研究材料，必转发于我；华东师范大学古籍研究所的戴扬本老师，对本书的文字，特别是古籍引用部分，进行了校对。责任编辑马文娟认真负责。在此一并致谢！

李薷

2017年8月31日

目　录

凡　例

第一章
绪　论　1

第一节　研究的缘起及意义　2
第二节　相关研究成果综述　4
一、《舆服志》专题研究　4
二、《舆服志》相关研究　6
三、元代舆服的相关研究　8
第三节　研究的内容和方法　11
一、研究的内容　11
二、研究的方法　13

第二章
《元史》之《舆服志》源流考　15

一、《元史》的史料来源　16
二、《元史·舆服志》的史料来源　17
三、《元史·舆服志》的编撰特征　18
四、《新元史·舆服志》与《元史·舆服志》的比较　21
五、蒙古旧俗和蒙元时期舆服制度的建立　22

第三章

《元史·舆服志》图释 33

第一节　冕服 34

第二节　百官祭服、朝服 63

第三节　质孙 83

第四节　百官公服 100

第五节　仪卫服色 114

第六节　命妇衣服 145

第七节　庶人服色 148

第八节　车舆 154

附　录 171

附录1：元代人物图像一览表 172

附录2：《元史·舆服志》服饰、车舆名称一览表 179

参考文献 184

后　记 192

凡　例

1. 本稿以中华书局 1974 年出版的《元史》点校本为底本。图释是对点校本中舆服词目的注释和图解，表述顺序是将《元史》章节置于前，在需要图释的词目后加以编号，然后对应编号一一加以图释。若无注释条目的章节，则略去。文中与点校本标点不同的部分，皆于原文下划以横线，并在注释中予以说明。

2.〈表〉里的“·”表示“没有”或“没有记载”。

3. 引用文献时，校释者所加之补充说明，括以（ ）。

4. 行文中征引的文献或仅标其简称：

文献全名	简称
《元史·舆服志》	《元志》
《新元史·舆服志》	《新元志》
《隋书·礼仪志》	《隋志》
《旧唐书·舆服志》	《旧唐志》
《新唐书·舆服志》	《新唐志》
《宋史·舆服志》	《宋志》
《明史·舆服志》	《明志》
《太平御览》	《御览》

5.《元志》原文及〈表〉所引文献中的繁体、异体字，都统一为通行的简体字。

6. 行文中征引的部分文献，例如《周礼》（郑玄注、贾公彦疏）、《尚书》（孔颖达疏）、《尔雅》（郭璞注）等，其注疏者姓名皆简作姓，如“郑注”“贾疏”“孔疏”“郭注”等。

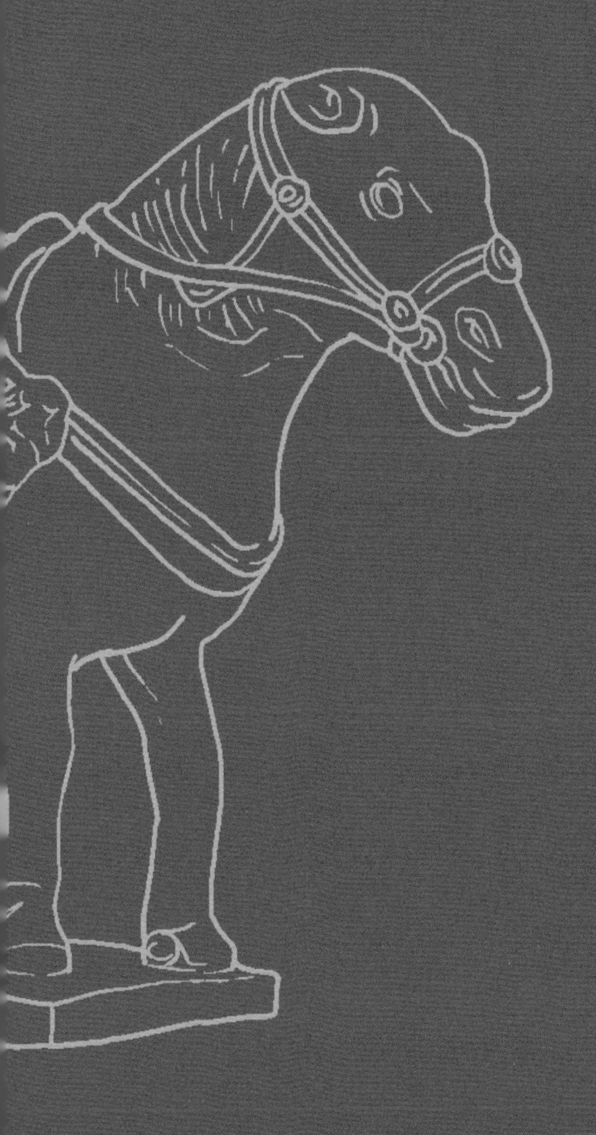

第一章

绪　论

‖第一节　研究的缘起及意义‖

中国历代有官方修史的传统，历朝都会为前朝修纂纪传体史书，从司马迁的《史记》至清代修纂的《明史》一共有二十四部，合称"二十四史"。"二十四史"被认为是最为系统和权威的历史记录。中国早在先秦时期，便已形成了严格的修史传统。自两汉司马迁撰著的史学名著《史记》问世后，他创立的纪传体史书体例，为后世历朝修史者继承，迄《明史》为止，形成了被后人尊奉为正史的"二十四史"通史系列。因史料详实，编纂严谨，"二十四史"向来被认为是记录古代历史最为系统和权威的典籍。"二十四史"中，《后汉书》开始有《舆服志》的内容。东汉永平二年（59 年）首次用舆服令来规定帝王百官的服饰制度，记录在《后汉书·显宗孝明帝纪》和《后汉书·舆服志》的注中。"二十四史"中，有十二部有《舆服志》（包含将《舆服志》编入《礼志》或《仪卫志》的三部）。

舆服制度是封建制度的组成部分，通过对舆制和服制的限定来规范封建等级制度。《周礼》记载的官制及相关冠服制度是以后历朝制定服制的参考。如《唐六典》就是唐代参考《周礼》所作的唐代官制和服饰制度。部分朝代的舆服制度被记录在"二十四史"的《舆服志》、《礼志》或《仪卫志》中。

《舆服志》的主要内容包含车舆（轿）、帝王后妃官员的祭服、各级官服、庶民服饰禁限，有的还包括印符使用、鞍辔、帐幕、仪仗等内容。上述内容在当时都是以法令形式存在的，如有僭越或被处罚，故历代《舆服志》是研究历代服饰最为可靠的史料之一。因为时代变迁，或记录者、抄录者及刊印者的失误，以及异体字（或通假字）的使用等原因，《舆服志》中的一些服饰和制度现在已经不甚明了，有的则完全不知。

元代作为第一个由北方少数民族建立的大一统帝国，其服饰对后世影响很大，但记载元代服饰的资料却并不那么丰富，《元史・舆服志》（下简称《元志》）是研究元代服饰最重要的史料来源。现在对元代的车服和制度不明了之处甚多。其中有这么几个原因：第一，《元志》记载疏漏甚多，如不记后妃服饰；第二，元代服饰原用蒙古语，记录时使用的音译，到今天很难将记载对应到实物；第三，元代服饰图像留存较少，特别是《元志》中占幅较大的祭服、公服和仪卫服饰等，难见实物。

目前所见服饰史研究的成果，多有引用《舆服志》作为佐证材料的，而将《舆服志》本身作为研究对象的不多。本课题专注于元代舆服制度，通过研究元代车舆、冠服的形制、使用方式、服饰与制度的变化轨迹，理清和辨明《元志》所载的元代舆服制度，这是本书开展研究的原因和意义之一。

服饰史研究所用的材料大致可概括为文献、实物和图像三种。以图证史，是服饰史研究的方式之一。通过对图像、实物、文献记载的梳理，形成逻辑清楚的证据链，是以图证史的方法。本书即以此方法，通过图释《元志》的方式，最大努力地以直观方式阐释《元志》所记载的元代舆服制度。

史书在刊印过程中难免有一些疏漏，本书在对《元志》舆服制度考证的过程中，就通行本《元史》在年代记述、行文中脱、衍、误字的情况，及标点等方面的问题做了一些辨误工作。

第二节 相关研究成果综述

一、《舆服志》专题研究

历代《舆服志》的专题性研究主要涉及校释、文献源流、制度研究三方面。近年的一些研究还从符号学、语言学的角度探讨历代《舆服志》。较为重要的的成果是孙机所著《中国古舆服论丛》，2001 年由文物出版社出版。此书中收录了孙先生的《两〈唐书·舆服志〉校释稿》一文，其将两《唐书》中记载相近的部分作了对比，对车舆、冕服、朝服、公服、常服等作考证，校释了两《唐书》中《舆服志》所记载的物件，探讨了多种车、服的源流和演变。[①]

1997 年，戴立强发表《〈明史·舆服志〉正误二十六例》一文，主要对《明史·舆服志》中有关断句、年代、脱漏等二十六处错误作了考证。[②]

2004 年，侯辉发表的《张廷玉等著〈明史·舆服志〉源流考》，主要对万斯同、王鸿绪、张廷玉三人先后三稿《明史·舆服志》进行了比较。[③] 次年，侯辉又发表了《张廷玉等著〈明史·舆服志〉价值初探》一文，谈了《明史·舆服志》的研究价值。[④]

2006 年，纳春英在《说“涂抹画衣”——从〈后汉书·舆服志〉一则断句错误看先秦的服饰装饰》一文中纠正了中华书局标点本中的句读之误。[⑤]

2009 年，李小虎的硕士学位论文《〈明史·舆服志〉中服饰制度的研究》，从明代服饰文化发展的基础、官服制度、民服制度、文化蕴含等方面，研究了明代服饰制度。[⑥]

---

① 孙机：《中国古舆服论丛》，文物出版社 2001 年版。

② 戴立强：《〈明史·舆服志〉正误二十六例》，《辽海文物学刊》1997 年第 1 期，第 87-94 页。

③ 侯辉：《张廷玉等著〈明史·舆服志〉源流考》，《新疆石油教育学院学报》2004 年第 4 期，第 125-127 页。

④ 侯辉：《张廷玉等著〈明史·舆服志〉价值初探》，《新疆石油教育学院学报》2005 年第 1 期，第 146-148 页。

⑤ 纳春英：《说“涂抹画衣”——从〈后汉书·舆服志〉一则断句错误看先秦的服饰装饰》，《陕西师范大学继续教育学报》2006 年第 2 期，第 35-38 页。

⑥ 李小虎：《〈明史·舆服志〉中服饰制度的研究》，硕士学位论文，天津师范大学，2009 年。

2010年，华梅等的《〈舆服志〉中的纵向符号标示体系研究》，分析了历代舆服志的记载，从符号学角度分析了中国古代服饰等级系统，试图有限证实中国传统车服视觉标示体系是具有普遍意义的人类行为。[①]

2011年，杨艳芳的硕士学位论文《〈后汉书·舆服志〉探析》，从源流、文献学价值、典制文化与社会史价值三方面展开论述，认为《后汉书·舆服志》是珍贵史料，首创舆服体例对后世相关文献影响深远，并对相关文献的校勘有着重要作用。[②]

赵静的《〈清史稿·舆服志〉研究综述》一文，简要阐述了《清史稿·舆服志》的特色及其对服饰文化研究的作用等。[③]

2012年，高冰清的论文《〈宋史·舆服志三〉订误二则》对《宋史·舆服志》点校本中的二处脱字进行了考正。[④]

2013年，王兵的硕士学位论文《〈宋史·舆服志〉研究》从史源、编撰手法、价值与缺陷三个方面分析了《宋史·舆服志》。[⑤]

2013年，林永莲的论文《汉明帝刘庄与〈后汉书·舆服志〉》探讨了东汉建立舆服制度的背景，刘庄对建立舆服制度的贡献，以及《舆服志》对后世的影响。[⑥]

2014年，邢昊的硕士学位论文《〈后汉书·舆服志〉车舆类名物词研究》[⑦]和陈碧芬的硕士论文《〈后汉书·舆服志〉服饰语汇研究》[⑧]从语言学的角度，结合词汇学、名物学、图像学等学科知识，对《后汉书·舆服志》中车舆和服饰语汇开展研究。

2016年，李甍的论文《〈金史·舆服志〉的史料来源及订误三则》梳理了《金史·舆服志》史料来源之间的关系，并对该《志》中的三处疏漏作了校正。[⑨]

---

① 华梅、王鹤：《〈舆服志〉中的纵向符号标示体系研究》，《天津师范大学学报（社科版）》2010年第4期，第32-35页。
② 杨艳芳：《〈后汉书·舆服志〉探析》，硕士学位论文，河南师范大学，2011年。
③ 赵静：《〈清史稿·舆服志〉研究综述》，《长江大学学报（社会科学版）》2011年第8期，第146、147页。
④ 高冰清：《〈宋史·舆服志三〉订误二则》，《中华文史论丛》2012年第5期，第227、283页。
⑤ 王兵：《〈宋史·舆服志〉研究》，硕士学位论文，上海师范大学，2013年。
⑥ 林永莲：《汉明帝刘庄与〈后汉书·舆服志〉》，《兰台世界》2013年第24期，第6、7页。
⑦ 邢昊：《〈后汉书·舆服志〉车舆类名物词研究》，硕士学位论文，重庆师范大学，2014年。
⑧ 陈碧芬：《〈后汉书·舆服志〉服饰语汇研究》，硕士学位论文，重庆师范大学 ，2014年。
⑨ 李甍：《〈金史·舆服志〉的史料来源及订误三则》，《南京艺术学院学报美术与设计版》2016第4期，第142-145页。

二、《舆服志》相关研究

将《舆服志》作为证明材料来使用的研究成果很多。这些舆服研究基本都从车服形制、制度、源流、名称等方面作考证，引用《舆服志》的相关记载作为论据使用。以下仅列举部分较为典型的相关成果。

1991 年，孙机的《步摇、步摇冠与摇叶饰片》对《续汉书·舆服志》中所记的步摇作了考证，综合其他文献记载、出土实物及图像资料，对步摇、步摇冠与摇叶饰片的形制作了比较考证。[①]

2004 年，汪少华的博士学位论文《中国古车舆名物考辨》采用文献与考古实物相结合的方法，对古车舆名物进行考证。2005 年，商务印书馆将此论文以同名出版。[②]

2005 年，吴爱琴的《谈中国古代服饰中的佩挂制度》一文依据多部史书《舆服志》的相关记载，并结合图像简述了历代服饰佩挂制度。[③]

2006 年，崔圭顺的博士学位论文以《中国历代帝王冕服研究》为书名发表，以历代《舆服志》作为基本参考文献对历代冕服制度作了研究。[④]

王雪莉的博士学位论文《宋代服饰制度研究》研究了宋代服饰文化的时代基础，并分别阐述了冕服、朝服、公服的形制及发展，还探讨了宋代的胡服与“服妖”状况。[⑤]

2008 年，宋丙玲的博士学位论文《北朝世俗服饰研究》较为完整地研究了北朝各个阶层的服饰，包括服饰的形制、胡汉服饰的相互影响，以及北朝服饰对隋唐服饰的影响等内容。其中多处引用了《晋书·舆服志》《宋书·仪卫志》《南齐书·舆服志》《隋书·礼仪志》《旧唐书·舆服志》等相关舆服记载作为论据。[⑥]

杨奇军的硕士学位论文《中国明代文官服饰研究》阐述了明代服饰文化发展的背景，明代男子服饰的形制，以及明代的朝服、祭服和燕服等方面的内容。该文的主要内容依据《明史·舆服志》。[⑦]

---

① 孙机：《步摇、步摇冠与摇叶饰片》，《文物》1991 年第 11 期，第 55-63 页。
② 汪少华：《中国古车舆名物考辨》，博士学位论文，华东师范大学，2004 年。
③ 吴爱琴：《谈中国古代服饰中的佩挂制度》，《华夏考古》2005 年第 4 期，第 78-83 页。
④ 崔圭顺：《中国历代帝王冕服研究》，东华大学出版社 2006 年版。
⑤ 王雪莉：《宋代服饰制度研究》，博士学位论文，浙江大学，2006 年。
⑥ 宋丙玲：《北朝世俗服饰研究》，博士学位论文，山东大学，2008 年。
⑦ 杨奇军：《中国明代文官服饰研究》，硕士学位论文，山东大学，2008 年。

2009年，马骁的硕士学位论文《东汉服饰制度考略》研究了东汉服饰制度的建立过程和依据，东汉服饰使用中的违制，以及东汉服饰服饰制度的社会功能。文章的核心部分对《舆服志》中所记的服饰作了考证。①

2010年，谢男山的硕士学位论文《秦汉时期舆制研究》以《舆服志》等记载的车舆内容作为重要文献资料，结合出土实物，探讨了秦汉时期车舆的制造、养护、发展、特征，以及对社会经济的影响等。②

纳春英的论文《唐代的服饰制度与服令变化》主要讨论了唐代前期和后期颁布服饰禁令的变化。此文引用了多部史书的《舆服志》作为论据。③

2011年，罗祎波的博士学位论文《汉唐时期礼仪服饰研究》探讨了汉唐时期礼仪服饰的形制、与社会环境的关系、外来因素及审美特征等内容，文中关于汉唐礼服的一些论据来自《后汉书·舆服志》与两《唐书》的《舆服志》。④

董延年的硕士学位论文《秦汉车舆制度文化研究》主要阐述了秦汉时期车的生产、车的流通、车的使用等方面的问题。该文的论述主要依据考古发现和相关文献资料，并引用了《续汉书·舆服志》《晋书·舆服志》中的相关内容。⑤

2012年，纪向宏《〈旧唐书·舆服志〉中的服色及章纹体系建制》探讨了《旧唐书·舆服志》中关于服色及章纹建立的相关内容。⑥2014年，纪向宏又发表了围绕《唐书·舆服志》讨论的两篇论文《两〈唐书·舆服志〉中的佩饰制度》和《两〈唐书·舆服志〉中的礼仪服饰探析》，对两《唐书·舆服志》涉及的服色、章纹体系建制、佩饰制度及礼仪服饰进行了探讨。⑦

2015年，田小娟的论文《说“芾”》考证了芾（蔽膝）的起源和发展，阐述了芾三千多年的历史。该文引用了多部史书的《舆服志》。⑧

徐吉军的《南宋时期的服饰制服与服饰风尚》一文引用《宋史·舆服志》

---

① 马骁：《东汉服饰制度考略》，硕士学位论文，吉林大学，2009年。
② 谢男山：《秦汉时期舆制研究》，硕士学位论文，江西师范大学，2010年。
③ 纳春英：《唐代的服饰制度与服令变化》，《青岛大学师范学院学报》2010年第4期，第69，70页。
④ 罗祎波：《汉唐时期礼仪服饰研究》，博士学位论文，苏州大学，2011年。
⑤ 董延年：《秦汉车舆制度文化研究》，硕士学位论文，山东大学，2011年。
⑥ 纪向宏：《〈旧唐书·舆服志〉中的服色及章纹体系建制》，《艺术与设计：理论版》2012年第12期，第123-125页。
⑦ 纪向宏：《两〈唐书·舆服志〉中的佩饰制度》，《艺术与设计》2014年第1期；纪向宏：《两〈唐书·舆服志〉中的礼仪服饰探析》，《艺术与设计》2014年第7期。
⑧ 田小娟：《说“芾”》，《四川文物》2015年第4期，第84-90页。

的多处记载，讨论了南宋服饰制度中关于限定服饰使用的禁令和南宋服饰时尚。[①]

三、元代舆服的相关研究

将《元志》作为直接研究对象的成果非常少，但研究蒙元服饰的论文几乎都不同程度地引用《元志》作为证明或说明材料。目前尚未见到专门研究元代车舆的成果发表，元代服饰相关研究成果在引用《元志》时基本都是引用《舆服志一》的内容。以下所列举的元代服饰研究相关成果都或多或少地引用了《元志》。

2000 年，苏日娜的论文《蒙元时期蒙古人的袍服与靴子——蒙元时期蒙古族服饰研究之三》讨论了古代文献（包括《元志》）中出现的蒙元时期的服饰。[②]

2001 年，霍宇红、刘凤祥的论文《赤峰元墓壁画人物服饰研究》探讨了赤峰地区五座元代墓室壁画中的服饰，其中引用《元志》论证了壁画中的官员公服、服色等级及面料纹样。[③]

2003 年，尚刚的《纳石失在中国》阐述了蒙元时期的纳石失，主要将出土实物和图像遗存作为研究对象，引用《元志》等文献作为论证依据。[④]

2006 年，赵丰的论文《蒙元龙袍的类型及地位》对已经出土的多件蒙元龙袍作了细致考证，并讨论了蒙元龙袍的来历和影响，引用了《元志》中关于衬甲和襕的记载。[⑤]

2006 年，苏力的《原本〈老乞大〉所见元代衣俗》考证了《老乞大》一书中出现的元代服饰。《老乞大》一书中有其他史料中没有的服饰面料及习俗方面的细致描述。[⑥]

2006 年，欧阳琦的《元代服装小考》以极简略的方式谈论了元代不同民族的服饰、冠服制度、质孙服、服饰等级、织造技术及文化交流等内容。[⑦]

---

① 徐吉军：《南宋时期的服饰制服与服饰风尚》，《浙江学刊》2015 年第 6 期，第 27-33 页。
② 苏日娜：《蒙元时期蒙古人的袍服与靴子——蒙元时期蒙古族服饰研究之三》，《黑龙江民族丛刊（季刊）》2000 年第 3 期，第 105-110 页。
③ 霍宇红、刘凤祥：《赤峰元墓壁画人物服饰研究》，《内蒙古文物考古》2001 年第 2 期，第 45-50 页。
④ 尚刚：《纳石失在中国》，《东南文化》2003 年第 8 期，第 54-64 页。
⑤ 赵丰：《蒙元龙袍的类型及地位》，《文物》2006 年第 8 期，第 85-96 页。
⑥ 苏力：《原本〈老乞大〉所见元代衣俗》，《呼伦贝尔学院学报》2006 年第 5 期，第 21-27 页。
⑦ 欧阳琦：《元代服装小考》，《装饰》2006 年第 8 期，第 28、29 页。

白秀梅的硕士学位论文《元代宫廷服饰制度探析》主要基于《元史》及其《舆服志》内容，探讨了元代宫廷服饰制度。并在2008年和2012年发表了元代服饰制度的论文《元代宫廷服饰制度形成的经济因素》和《元代宫廷服饰制度的政治因素》，这两篇论文均在其硕士论文的基础上进一步阐释元代服饰制度与政治和经济的关联。①

2007年，李莉莎的《蒙古袍服前襟叠压关系的改变及其意义》一文讨论了元代袍服左衽与右衽并存的状况，以此论证胡汉交融的情况。②

2008年，谢静的《敦煌石窟中蒙古族供养人服饰研究》一文探讨了敦煌壁画中蒙古人的服饰，包括男性和女性的袍、帽（冠）等，在讨论辫线袄时引用了《元志》来说明辫线袄的造型。③

2008年，李莉莎的《质孙服考略》主要通过对文字史料的研究，阐述了质孙服的使用、样式、面料等方面的问题。④

2009年，李莉莎的《元代服饰制度中南北文化的碰撞与融合》一文主要从服装样式和服饰制度方面阐述了元代胡汉文化相互交流的情况。⑤

2009年，乌云的《元代蒙古族袍服述略》一文简要叙述了蒙古袍服的形制与使用。⑥

2010年，罗玮的《明代的蒙元服饰遗存初探》一文讨论了蒙元服饰在明代流传的情况。⑦其研究成果基本都收录在2012年罗玮的硕士学位论文《汉世胡风：明代社会中的蒙元服饰遗存研究》中。该论文阐述了钹笠帽、直檐大帽、瓦楞帽、瓜皮帽、质孙服、比甲、腰线袄（明代曳撒）等元代服饰在明代的遗存情况，在讨论钹笠、腰线袄时将《元志》中的记载作为论证依据。⑧

2010年，董晓荣的《元代蒙古族所着半臂形制研究》追溯了半臂的源流，讨论了元代蒙古族所着半臂的形制及特点，认为元代的长半臂是比肩。文中

---

① 白秀梅：《元代宫廷服饰制度探析》，硕士学位论文，内蒙古大学，2006年；白秀梅：《元代宫廷服饰制度形成的经济因素》，《阴山学刊》2008年第5期，第63-68页；白秀梅：《元代宫廷服饰制度的政治因素》，《赤峰学院学报（哲学社会科学版）》2012年第8期，第11、12页。

② 李莉莎：《蒙古袍服前襟叠压关系的改变及其意义》，《内蒙古社会科学（汉文版）》2007年第6期，第109-111页。

③ 谢静：《敦煌石窟中蒙古族供养人服饰研究》，《敦煌研究》2008年第5期，第20-24页。

④ 李莉莎：《质孙服考略》，《内蒙古大学学报（哲学社会科学版）》2008年第2期，第26-31页。

⑤ 李莉莎：《元代服饰制度中南北文化的碰撞与融合》，《内蒙古师范大学学报（哲学社会科学版）》2009年第3期，第61-64页。

⑥ 乌云：《元代蒙古族袍服述略》，《美术观察》2009年第6期，第111页。

⑦ 罗玮：《明代的蒙元服饰遗存初探》，《首都师范大学学报（社会科学版）》2010年第3期，第21-28页。

⑧ 罗玮：《汉世胡风：明代社会中的蒙元服饰遗存研究》，硕士学位论文，首都师范大学，2012年。

还谈论了高丽式方领齐腰式半臂，以及元代半臂对后世服饰的影响。[①]

2010 年，王正书在《元代玉雕带饰和腰佩考述》一文中将元代腰部饰品分为銙带、绦环带、钩绦带、钩环带、简饰带、锁扣式带、钩环佩、杂佩等八类，并作了考证和分析。[②]

2011 年，赵学江的硕士论文《蒙元关中服饰文化研究》分析了关中地区元代墓室中的俑和壁画，阐述了这个地区的元代服饰，运用了图像学的分析方法，进行文献和图像比较，在作文字考证时多处引用了《元志》。[③]

2011 年，吴琼的《元代"国俗"制度对舆服的影响》从元代"国俗"制度探讨了元代舆服制度未能很好执行的原因。"国俗"指的是成吉思汗建立的大蒙古国时期制定的规章制度，以及沿袭下来的蒙古民族的传统游牧习俗。文章认为元代"御前奏闻"、祭祀等元代制度与汉人制度相去甚远，造成按汉制建立的舆服制度不能顺利执行。[④]

2011 年，车玲的硕士学位论文《以图像为主要材料的蒙元服饰研究》，以图像为主要研究对象，文献作为佐证的方法，考证了元代服饰，以及元代绘画中的男、女服饰，也包括质孙服、辫线袄、钹笠等《元志》中所记载的服饰。[⑤]

2011 年，李莉莎《蒙古族古代断腰袍及其变迁》一文对腰部有分割线的蒙古袍服作了名称辨析，并对其演变作了阐述。文中引用了《元志》中关于辫线袄的记载。[⑥]

2013 年，任冰心和吴钰的《从服饰管窥元代的身份制度》[⑦]利用文献考证了元代从宫廷到民间的服饰，其中的冕服、公服及庶人服饰的讨论引用了《元史·舆服志》的内容。

2013 年，竺小恩的《敦煌壁画中的蒙元服饰研究》一文讨论了敦煌壁画中的蒙古人服饰，以及各民族服饰对蒙古服饰的影响。[⑧]

---

① 董晓荣：《元代蒙古族所着半臂形制研究》，《内蒙古民族大学学报（社会科学版）》2010 年第 5 期，第 23-27 页。
② 王正书：《元代玉雕带饰和腰佩考述》，《上海博物馆集刊》2002 年，第 521-533 页。
③ 赵学江：《蒙元关中服饰文化研究》，硕士学位论文，西北大学，2011 年。
④ 吴琼：《元代"国俗"制度对舆服的影响》，《江西社会科学》2011 年第 4 期，第 200-203 页。
⑤ 车玲：《以图像为主要材料的蒙元服饰研究》，硕士学位论文，东华大学，2011 年。
⑥ 李莉莎：《蒙古族古代断腰袍及其变迁》，内蒙古社会科学（汉文版）2011 年第 5 期，第 71-74 页。
⑦ 任冰心、吴钰：《服饰管窥元代的身份制度》，《宁夏大学学报（人文社会科学版）》，2013 年第 1 期，第 62-76 页。
⑧ 竺小恩：《敦煌壁画中的蒙元服饰研究》，《浙江纺织服装职业技术学院学报》2013 年第 1 期，第 59-64 页。

2013 年，姚进的硕士学位论文《元代服饰设计史料研究》对出土的元代服饰及相关文献作了罗列和梳理。①

2014 年，刘珂艳的博士学位论文《元代纺织品纹样研究》将出土元代纺织品上的纹样作了详细分类，并逐一考证，采用了文献和图像相互印证及图像比较的方法进行研究。②

2015 年，曹星星的硕士学位论文《水神庙——元杂剧壁画中的服饰表现》是美术学方面的论文，从色彩、线条等美术元素来阐述元代壁画中的服饰表现，其中多处考证元代服饰时引用了《宋史·舆服志》和《元史·舆服志》的内容。③

2015 年，王伟的《元代服饰与身份制度体系考证》一文主要综合了他人研究成果，将元代服饰及对应使用人作了描述。④

第三节 研究的内容和方法

一、研究的内容

《舆服志》的主要内容是历史各朝对前朝车服制度的记载，这些记载因为参考史料不同，常会出现删减、遗漏或不一致的情况。如新、旧《唐书》中的《舆服志》就有很多不一致的地方，同一件服饰用法的记载详细程度也不一样。再如张鹏一先生所辑晋令佚文手稿《晋令辑存》，辑录了晋代服饰制度于“服制令”中，多引自《太平御览》《晋书》《宋书》等引用的“晋令”，这些文献对于同一服饰的记载也会不一致。很多朝代关于服饰制度的规定记录于法律条文、诏书和会要中，参照这些较为原始的文献，才能更好地了解《舆服志》的内容。如《通典》、《唐六典》、《唐会要》和《唐大诏令集》等，都有车服制度的相关记载。

《元史》所参考的主要史料几乎都已经佚失，其《舆服志》参照的《经世大典》也亡佚。元代服饰制度记载还见于《元典章》(全称《大元圣政国朝典

① 姚进：《元代服饰设计史料研究》，硕士学位论文，湖南工业大学，2013 年。
② 刘珂艳：《元代纺织品纹样研究》，博士学位论文，东华大学，2014 年。
③ 曹星星：《水神庙——元杂剧壁画中的服饰表现》，硕士学位论文，山西大学，2015 年。
④ 王伟：《元代服饰与身份制度体系考证》，《兰台世界》2015 年第 19 期，第 149、150 页。

章》）。元成宗时期，规定各地官府抄集中统以来的律令格例，作为官史遵循的依据。《元典章》即地方胥吏汇抄法令的一种坊刻本。全书分诏令、圣政、朝纲、台纲、吏部、户部、礼部、兵部、刑部、工部十大类，共六十卷。各大类之下又有门、目，目下列举条格事例，全书共有八十一门、四百六十七目、二千三百九十一条。服饰制度的相关内容记载于礼部卷，主要有文武品从服带、公服、秀才、僧人和娼妓等服色。

本书只对《元史》所列《舆服志》作论述。“二十四史”中关于舆服编排并不完全一样。“二十四史”中有舆服记载的有《后汉书》、《晋书》、《宋书》、《南齐书》、《隋书》、《旧唐书》、《新唐书》、《宋史》、《辽史》、《金史》、《元史》和《明史》等十二部，其中舆服收录在礼志中的有《宋书》和《隋书》。《辽史》将舆服放在《仪卫志》中，而《元史》则将仪仗和仪卫的内容收录在《舆服志》中。其他八部史书的舆服志则是独立存在的，见表 1-1-1。

表1-1-1 “二十四史”《舆服志》和《仪卫志》一览表

序号	书名	舆服志	仪卫志	备注
1	史记	·	·	·
2	汉书	·	·	·
3	后汉书	有	·	·
4	三国志	·	·	·
5	晋书	有	·	·
6	宋书	·	·	舆服在礼五
7	南齐书	有	·	·
8	梁书	·	·	·
9	陈书	·	·	·
10	魏书	·	·	舆在礼四
11	北齐书	·	·	·
12	周书	·	·	·
13	南史	·	·	·
14	北史	·	·	·
15	隋书	·	·	舆服为礼仪四至礼仪七
16	旧唐书	有	·	·
17	新唐书	有	有	·
18	旧五代史	·	·	·

（续表）

19	新五代史	·	·	·
20	宋史	有	有	·
21	辽史	·	有	舆服为仪卫志一和仪卫志二
22	金史	有	有	·
23	元史	有	·	仪仗为舆服二，仪卫为舆服三
24	明史	有	有	·

《元史·舆服志》分三个部分：舆服一，内容涉及皇亲贵胄车舆规定和衣服通制；舆服二，内容为仪仗；舆服三为仪卫。本书的研究范围主要为舆服一的内容及仪卫的服饰，包括车舆和服饰两个方面。研究工作依据中华书局 1976 年出版的点校本《元史》为底本展开。全书共三部分内容。第一部分主要综合各类文献资料，考察《元史》的《舆服志》的源流及其构成，从宏观的角度把握元代舆服制度的建构和发展。第二、三部分通过分析文献记载，比对相关的图像和实物资料，对《元史》之《舆服志》中出现的各种舆服名物展开研究。考证乘舆和冠服的类型、形制、质料、图案、使用情况等，并用图的方式表达各名物的形制、结构和图案。

二、研究的方法

《舆服志》记载的车舆和服饰制度，是通过造型、材料、色彩区别等级，限制使用的人群。决定车服政令是否成功实施的依据是视觉，所以在研究古代车服制度时，图像是最重要的依据之一。本书在考证车服制度时，采取的是文献、图像和实物相结合考证的方法。通过三者的对比，研究考证元代车舆、服饰的形制，用图的方式将其表现出来。采用图像来作《舆服志》中的名物释义是本书重要手段。

元代流传至今的图像和实物资料有限，《元志》记载的部分车、服没有元代图像可作比较。在研究这部分无元代图像实物可考的文字时，本书参考唐、宋、明时期的相关图像或实物，结合文字描述，通过合理推理的方式，复原该车、服。

封建社会的车、服制度是等级制度的一部分，也就是说舆服是显示身份等级的装饰道具。中国古代统治者颁布舆服令，将乘舆仪仗和服装放在一起，其用意也在于此。因此，本书的研究不仅仅将乘舆作为一种名物来研究，还将其置入封建等级制度的背景中，将其和冠服作为一个整体看待，考察历代乘舆仪仗制度的构成及其变化。

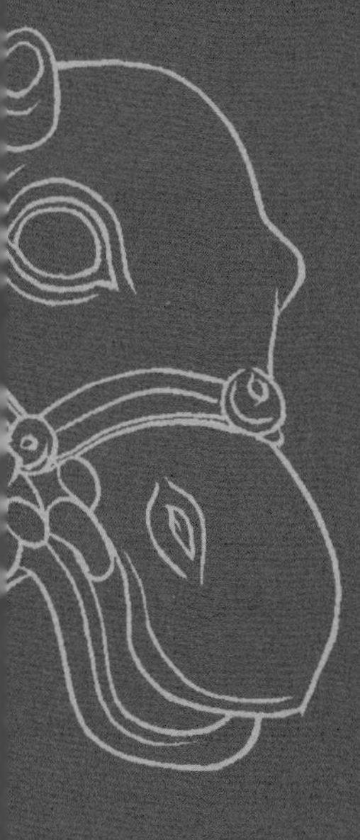

第二章

《元史》之《舆服志》源流考

一、《元史》的史料来源

1368年，朱元璋称帝建立明朝，洪武二年（1369年）二月就下诏修《元史》。修《元史》一共经历两个阶段。《明实录·太祖实录》卷三十九记载："上谓廷臣曰：'近克元都，得十三朝实录，元虽亡，国事当记载，况史纪成败、示劝惩，不可废也。'乃诏中书左丞相宣国公李善长为监修，前起居注宋濂，漳州府通判王祎为总裁，征山林遗逸之士汪克宽、胡翰，宋僖、陶凯、陈基。赵壎、曾鲁、高启、赵汸、张文海、徐尊生、黄篪、傅恕、王锜、傅著、谢徽十六人为纂修，开局于天界寺，取元《经世大典》诸书，以资参考。"[①] 据宋濂《元史·目录后记》，明年春二月丙寅开局，至秋八月癸酉书成。因资料缺乏，未修元顺帝朝的事迹。洪武三年（1370年），再次纂修《元史》。于第二年春二月乙丑开局，至秋七月丁亥书成。据史家推算，《元史》纂修第一阶段为一百八十八天，第二阶段为一百四十三天，总计三百三十一天。

从记载可以看出，《元史》主要依据的是《经世大典》和《十三朝实录》。这两部书已经失传。《元史》的《世祖本纪》中有记载至元十年（1273年）"以翰林院纂修国史，敕采录累朝事实以备编集"，即《实录》在至元十年已经开始编纂。元代各朝实录，在明正统六年（1441年）编写的《文渊阁书目》中已经不见著录。据王慎荣所著《元史探源》，《元史》中的《太祖本纪》引用了《圣武亲征录》的史料（《圣武亲征录》因收录在陶宗仪《说郛》中得以流传）。

《经世大典》是元文宗时期纂修的，一共有八百八十卷，目录十二卷，纂修通议一卷。天历二年（1329年）九月，"敕翰林国史院官同奎章阁学士采辑

① 《明太祖实录》，国立北平图书馆红格抄本影印本，第783页。

本朝典故，准宋《唐会要》，著为《经世大典》”。五个月后，改命奎章阁大学士专门负责编纂，由赵世延、虞集担任总裁，艺文监的官员参与纂写，并指派丞相燕铁木儿为总监，分派中书省、枢密院、翰林国史院、奎章阁、太禧宗禋的重要职官任提调，征集各方面有关简牍资料。至顺元年（1330 年）四月开局，到至顺二年（1331 年）五月成书，到至顺三年三月誊缮装帙，一共八百八十卷，目录十二卷，纂修通议一卷。

因时间仓促、文献不足等各种原因造成《元史》编纂疏漏较多，后世多有学者研究以补《元史》不足。明朝有解缙的《元史正误》、朱右的《元史拾遗》、许浩的《元史阐微》等。清朝有邵远平的《元史类编》、魏源的《元史新编》、洪钧的《元史译文证补》、曾廉的《元书》、屠寄的《蒙兀儿史记》等。清末民初的柯劭忞撰写了《新元史》。1921 年，北洋政府总统徐世昌下令把柯劭忞的《新元史》列入正史，1922 年刊行于世。

二、《元史·舆服志》的史料来源

据王慎荣著《元史探源》推测，《经世大典》一书可能在永乐十九年（1421 年）将南京藏书运至北京之后即已佚失。正统六年（1441 年）编录的《文渊阁书目》已经注有“阙”字，也就是说清乾隆三十七年（1772 年）纂辑《四库全书》时，《经世大典》肯定佚失。

《元史探源》中引用了余元盦《〈元史〉志、表部分史源之探讨》的研究成果，据现存《〈经世大典〉序录》推知《元史》诸《志》都来自于《经世大典》。《〈经世大典〉序录》的“总序”说，内容“凡十篇，曰君事四，臣事六”。君事四篇的名目为《帝号》《帝训》《帝制》《帝系》；臣事六篇的名目为《治典》《赋典》《礼典》《政典》《宪典》《工典》。《舆服志》三卷源于《大典》的《礼典》中的《舆服》篇。

鉴于相关史料的缺失，已经无法追溯《元志》究竟在编纂过程中舍弃了多少材料，《元志》的车舆和服饰记载比其他朝代的《舆服志》缺少了很多内容。比较现存的其他元史资料中的服饰记载，如《元典章》《黑鞑事略》《蒙古秘史》等，与《元志》可以互相印证的内容也比较少。《元典章》礼部卷之二《服色》中“文武品从服带”和“贵贱服色等第”两部分内容见于《元志》。鉴于史料的缺失，《元志》是目前研究元代服饰最主要的资料。

三、《元史·舆服志》的编撰特征

1. 分类及顺序

《元史》舆服制度的内容分为三个部分。《舆服一》的内容分为冕服和舆辂两部分。冕服记载了天子、皇太子、百官祭服，天子和百官的质孙服，百官的公服，仪卫服色，以及服色等第；舆辂记载了玉辂、金辂、象辂、革辂、木辂的形制，明确说明元代只制作了玉辂，另有腰舆和象轿的描述。《舆服二》记载了仪仗、崇天卤簿和外仗三个部分。仪仗即帝王出行时的仪仗组成，主要描述了幢、幡、竿、案、牌、盖、伞、旗、杖、鞍、刀等各种武器及其他器具。崇天卤簿即帝王重大活动使用的全套仪仗，包括队列组成、乐队组成。外仗可能是指维护整个仪仗外部安全的卫队。沈括《梦溪笔谈·故事一》记载："车驾行幸，前驱谓之'队'，则古之'清道'也。其次卫仗，'卫仗'者，视阑入宫门法，则古之'外仗'也，其中谓之'禁围'，如殿中仗。"[①]《舆服三》记载了仪卫，包含殿上执事、殿下执事、殿下黄麾仗、殿下旗仗、宫内导从、中宫导从、进发册宝、册宝摄官、班序共九个宫中不同位置的仪卫的配置。

2. 与前后朝《舆服志》的内容比较

清代学者钱大昕评价《元史》："古今史成之速，未有如《元史》者；而文之劣漏，亦无如元史者。"[②]《元史·舆服志》也如同整篇《元史》一样，内容粗疏，多有不记。

综合其他文献及图像资料来看，元代的服饰品类非常丰富，毕竟元是有着多民族的庞大帝国，并且元政权并未太多干预各族的服饰传统，然《元志》却是历代《舆服志》中记载舆服较为简略的。如《元志》所说："元初立国，庶事草创，冠服车舆，并从旧俗。世祖混一天下，近取金、宋，远法汉、唐。"虽说元代继承和吸收了汉、唐、金、宋的服饰，但相比其他朝代的《舆服志》，《元志》记载的服饰品种大幅缩减。

将《元志》所记车服与前朝《宋史·舆服志》和其后的《明史·舆服志》比较，可见其缩减程度，见表 2-1-1。

---

① 沈括著，胡道静校正：《梦溪笔谈校正》，上海古籍出版社 1987 年版，第 83 页。
② 钱大昕：《十驾斋养新录》，上海书店出版社 1983 年版，第 195 页。

表2-1-1 宋、元、明《舆服志》部分舆服记载比较表

服饰种类	《宋史·舆服志》	《元史·舆服志》	《明史·舆服志》
舆辂	五辂，大辂，大辇，芳亭辇，凤辇，逍遥辇，平辇，七宝辇，小舆，腰舆耕根车，进贤车，明远车，羊车，指南车，记里鼓车，白鹭车，鸾旗车，崇德车，皮轩车，黄钺车，豹尾车，属车，五车，凉车，相风乌舆，行漏舆，十二神舆，钲鼓舆，钟鼓楼舆	五辂，象轿，腰舆	大辂，玉辂，大马辇，小马辇，步辇，大凉步辇，板轿，耕根车
皇后、皇妃之车	重翟，厌翟，翟车，安车，四望车，金根车	未记	安车，行障
皇太子车辂	金辂，轺车，四望车	未记	金辂
亲王群臣车辂	象辂，革辂，木辂，轺车，肩舆	未记	象辂，帐房，轿
内外命妇等车辂	银装白藤舆檐，白藤舆檐，金铜犊车，漆犊车，	未记	翟轿
皇帝服	大裘冕，衮冕，通天冠，履袍，衫袍，窄袍，御阅服	衮冕，衮龙服，质孙	衮冕，通天冠服，皮弁服，武弁服，常服，燕弁服
皇太子服	衮冕，远游冠，朱明衣，常服	衮冕	衮冕，皮弁
后妃服	袆衣，朱衣，礼衣，鞠衣	未记	礼服，袆衣，翟衣，常服，霞帔，褙子，双凤翊龙冠，大衫，鞠衣
内外命妇冠服	翟衣	未记	翟衣，团衫，大衫，鞠衣，霞帔，褙子，缘襈袄裙
亲王与诸臣祭服	衮冕，鷩冕，毳冕，絺冕，玄冕	獬豸冠，貂蝉冠，笼巾，梁冠，法服，交角幞头，社稷祭服，方心曲领，执事儒服，曲阜祭服，质孙	衮冕，皮弁，礼服，青罗衣，赤罗裳
亲王妃、公主、郡王妃、郡主、县主等服	未记	未记	凤冠，翟冠，大衫，霞帔，褙子
官员朝服和公服	朝服，进贤冠，貂蝉冠，獬豸冠，袴褶	朝服，质孙，盘领右衽袍，幞头，靴，束带	梁冠，盘领右衽袍，幞头，腰带，靴，乌纱帽，团领衫，束带
其他	紫衫，帽衫，凉衫	金纱搭子，褙子	·

上表所列为一般舆服志中常见项目。明代记载更为详细，《明史·舆服志》还有以下人员的服饰记载（未列入上表中）：锦衣卫、赐服、仪宾、状元及诸进士、内外官亲属、内使、侍仪舍人、校尉、儒士、生员、监生、庶人、士庶妻、协律郎、乐舞生、教坊司、王府乐工、军士、皂隶公人、外国君臣、僧道等。这些都是《元志》中没有的。

从上表可见，《元志》记载车舆只有七种（注：五辂中除玉辂外的四辂虽记，但未制造出来），而宋代有四十多种，其后的明代有十五种。蒙古族是游牧民族，无论男女都会骑马，所以不似汉人那样对车轿依赖，元代统治阶层对车舆需求不多，这可能是《元志》记载车舆品种少的原因。

《元志》中几乎没有女性车服的记载，其他各朝《舆服志》则几乎都有后妃及内外命妇的服饰记载。或许编纂者觉得蒙元时期女性服装款式较为单一，没必要记载。《出使蒙古记》说年轻女子穿的袍子和男子的一样，而且从服装分清已婚、未婚女子和男子都不太容易，蒙古族女子的传统长袍主要特点是宽大，因此南宋人常称之为“大袖衣”，“如中国鹤氅，宽长曳地，行则两女奴拽之”。西方的传教士鲁不鲁乞记载说，蒙古姑娘们的服装同男人们的没有太大的不同，只是略长一些。蒙古贵族女子会选用上乘的面料来制作袍服，作为礼服之功用。元代末年熊梦祥记录了蒙古贵族妇女的袍服样式：“袍多是用大红织金缠身云龙，袍间有珠翠云龙者，有浑然纳失失者，有金翠描绣者，有想其于春夏秋冬绣轻重单夹不等，其制极宽阔，袖口窄以紫罗金爪，袖口缠五寸许，窄即大，其袖两腋摺下，有紫罗带拴合于背，腰上有紫撚系，但行时有女提袍，此袍谓之礼服。”①

由上述讨论可以看到《元志》关于车服的记载是相当粗略的。也有可能是明代编纂者认为蒙古统治者是外族，其服饰和汉人服饰差别明显，并非正统，所以对其服饰制度记载作了较大省略，抑或如钱大昕批评《元史》所言：“史为传信之书，时日簇迫，则考订必不审，有草创而无讨论，虽班马难以见长，况宋王词华之士，征辟诸子，皆起自草泽，迂腐而不谙掌故者乎。”②

---

① 熊梦祥：《析津志辑佚》，北京古籍出版社1983年版，第206页。
② 钱大昕：《十驾斋养新录》，上海书店出版社1983年版，第195页。

四、《新元史·舆服志》与《元史·舆服志》的比较

柯劭忞以一人之力，历经三十年，以《元史》为底本，斟酌损益，重加编撰，于1920年最终编成《新元史》。关于《新元史》的历史价值和缺点，已经有很多研究者讨论过，这里主要将《新元史·舆服志》和《元史·舆服志》作比较，讨论《新元史·舆服志》的损益状况（以下将《新元史·舆服志》简称为《新元志》）。

《新元志》依旧分为三个部分，但是内容位置作了调动。舆辂放入了《新元志》的《舆服志二》(《元志》在《舆服志一》)，质孙服放在了乐服后（《元志》的顺序为祭服、质孙、百官公服），崇天卤簿和外仗放入了《新元志》的《舆服志三》(《元志》)在《舆服二》)。

《新元志》增加了少量内容。《舆服志一》增加了乐工服饰，《舆服志二》增加了皇帝玺宝、诸王以下用章和牌面，见表2-1-2。

表2-1-2 《元志》和《新元志》比较表

章节	《元志》	《新元志》	备注
舆服（志）一	冕服	皇帝冕服	·
	皇太子冠服	皇太子冕服	·
	三献官以下祭服	三献官以下祭服	·
	都监库	都监库	·
	社稷祭服	社稷祭服	·
	宣圣庙祭服	宣圣庙祭服	·
	质孙	百官冠服	·
	百官公服	仪卫服色	·
	仪卫服色	乐服	《元志》无乐服
	服色等地	质孙	·
	舆辂	服色等地	·
舆服（志）二	仪仗	皇帝玺宝	《元志》无玺宝
	崇天卤簿	诸王以下用章	《元志》无章
	外仗	牌面	《元志》无牌面
	·	舆辂	·
	·	仪仗	·
舆服（志）三	仪卫	崇天卤簿	·
	·	外仗	·
	·	仪卫	·

注：《元志》的章节写作舆服，《新元志》写作舆服志。

《新元志》中新增加的内容基本都来自《元史》的其他章节。《新元志》的乐服的相关内容取自《元史·礼乐五》。《新元志》的皇帝玺宝、诸王以下用章和牌面的相关内容取自《元史》的不同章节，如“太子玉刻印章”取自《元史·仁宗本纪》，“金虎符”取自《元史·武宗本纪》，“金银符”取自《元史·世祖本纪》等。《新元志》最开始的引言部分和《元志》不一样，其他关于舆服和仪仗的具体描述几乎和《元志》完全一样。

由上述讨论可见，《新元志》非常忠实于《元志》，增加部分几乎都来自《元史》，可以推测在清末民初柯劭忞编写《舆服志》这部分内容的时候，可供参考的相关资料非常有限。

五、蒙古旧俗和蒙元时期舆服制度的建立

根据《元志》和《新元志》的记载，元代的舆服制度确立经历了一个较为漫长的过程。从 1206 年建立蒙古国开始到元文宗至顺元年使用大裘衮冕，蒙元时期的舆服制度从建立到完善经过了一百二十多年。其中最重要的阶段在元世祖忽必烈时期，宋朝投降元朝，元政权获得了宋朝的全套礼仪道具和文件，作为其建立自己的舆服制度的主要参考。《元志》记元世祖忽必烈在建国之后建立了舆服制度：“世祖混一天下，近取金、宋，远法汉、唐。”在英宗硕德八剌时期得到完善，《元志》记：“至英宗亲祀太庙，复置卤簿。”（表 2-1-3）

表2-1-3 元代舆服大事记表

庙号	姓名	相关年份	原文记载
太祖	孛儿只斤·铁木真	1206年至1227年在位	冠服车舆，并从旧俗
宪宗	孛儿只斤·蒙哥	1251年至1259年在位	用冕服祭天于日月山
世祖	孛儿只斤·忽必烈	1260年至1294年在位	宪宗以下至世祖始制祭服
武宗	孛儿只斤·海山	1308年至1311年在位	始议亲祀冕无旒，服大裘而加衮冕
英宗	孛儿只斤·硕德八剌	1321年至1323年在位	始服衮冕，享于太庙。备卤簿，造五辂
文宗	孛儿只斤·图帖木儿	1328年至1329年在位	始服大裘衮冕，亲祀昊天上帝于南郊

《元志》载："元初立国，庶事草创，冠服车舆，并从旧俗。"1200年春，铁木真与王罕联军进击泰亦赤兀部，获得胜利。铁木真在海剌儿（今海拉尔）、帖尼火鲁罕之地，大破扎木合联军。1202年，铁木真与王罕打败了扎木合、弘吉剌、朵儿边、亦乞列思、合答斤、豁罗剌思、塔塔儿、撒勒只兀惕诸部联军，控制了蒙古草原的东部地区。后铁木真与王罕分裂，并在1203年击败王罕，消灭了克烈部。1204年，铁木真出兵乃蛮，最终统一了整个蒙古草原。泰和六年（1206年），铁木真建国于漠北，国号大蒙古国。蒙古国建立前后，战争不断，当政者无暇顾及舆服制度，仍旧沿用蒙古习俗，无论男女贵贱都穿袍服，出行骑马。

约翰·普兰诺·加宾尼的《蒙古史》记载了当时蒙古人的服饰：

"男人和女人的衣服是以同样的式样制成的。他们不使用短斗篷、斗篷或帽兜，而穿用粗麻布、天鹅绒或织锦制成的长袍。这种长袍是以下列式样制成：它们（二侧）从上端到底部是开口的，在腰部折叠起来；在左边扣一个扣子，在右边扣三个扣子，在左边开口直至腰部。各种毛皮的外衣式样都相同；不过，在外面的外衣以毛向外，并在背后开口；它在背后并有一个垂尾，下垂至膝部。

"已经结婚的妇女穿一种非常宽松的长袍，在前面开口至底部。在她们的头上，有一个以树枝或树皮制成的圆的头饰。这种头饰有一厄尔（注：古长度名）高，其顶端呈正方形；从底部至顶端，其周围逐渐加粗，在其顶端，有一根用金、银、木条甚至一根羽毛制成的长而细的棍棒。这种头饰缝在一顶帽子上，这顶帽子下垂至肩。这种帽子和头饰覆以粗麻衣、天鹅绒或织锦。不戴这种头饰时，她们从来不走到男人们面前去，因此，根据这种头饰就可以把她们同其他妇女区别开来。要把没有结过婚的妇女和年轻姑娘同男人区别开来是困难的，因为在每一方面，她们穿的衣服都是同男人一样的。他们戴的帽子同其他民族的帽子不同，但是，我不能够以你们所能了解的方式来描绘它们的形状。"[①]

蒙古人的传统袍服如图2-5-1所示。

---

① 道森：《出使蒙古记》，中国社会科学出版社1983年版，第8页。

图2-5-1　胡瓌绘《番骑图卷》中的蒙古人形象

蒙古女子在盛装时，头戴一种高耸头饰，这种头饰称为孛哈（bocca），也称罟罟冠，又名故故、固罟、顾姑、固姑、鹧鸪、罟罛等。《鲁不鲁乞东行记》记："这是用树皮或她们能找到的任何其他相当轻的材料制成的。这种头饰很大，是圆的，有两只手能围过来那样粗，有一腕尺多高（注：古长度名），其顶端呈四方形，像建筑物的一根圆柱的柱头那样。这种孛哈外面裹以贵重的丝织物，它里面是空的。在头饰顶端的正中或旁边插着一束羽毛或细长的棒，同样也有一腕尺多高；这一束羽毛或细棒的顶端，饰以孔雀的羽毛，在它周围，则全部饰以野鸭尾部的小羽毛。她们把头发从后面挽到头顶上，束成一种发髻，把兜帽戴在头上，把发髻拴在兜帽里面，再把头饰戴在兜帽上，然后把兜帽牢牢地系在下巴上。"[①] 图 2-5-2 为头戴罟罟冠的皇后形象。图 2-5-3 为罟罟冠实物。图 2-5-4 为蒙古贵族女子戴罟罟冠的形象。

---

① 道森：《出使蒙古记》，中国社会科学出版社 1983 年版，第 120 页。

图2-5-2 缂丝皇后像

图2-5-3 织金锦罟罟冠（载于《黄金·丝绸·青花瓷——马可·波罗时代的时尚艺术》）

据文献所述，蒙古男女所穿的袍，在款式上没什么明显区别。《鲁不鲁乞东行记》中也有记载："姑娘们的服装同男人的服装没有什么不同，只是略长一些。但是，在结婚以后，妇女就把自头顶当中至前额的头发剃光，穿一件同修女的长袍一样宽大的长袍，而且无论从哪一方面看，都更宽大一些和更长一些。这种长袍在前面开口，在右边扣扣子。在这件事情上，鞑靼人同突厥人不同，因为突厥人的长袍在左边扣扣子，而鞑靼人则总是在右边扣扣子。"①

图2-5-4　蒙古贵族女子的罟罟冠

① 道森：《出使蒙古记》，中国社会科学出版社1983年版，第120页。

蒙古人的服装面料有丝织品、棉织品、毛皮。《鲁不鲁乞东行记》记载："从契丹和东方其他国家，并从波斯和南方的其他地区，运来丝织品、织锦和棉织品。他们在夏季就穿用这类衣料做成的衣服。从斡罗思、摹薛勒、大不里阿耳、帕思哈图和乞儿吉思（这些都是北方地区，并且遍地都是森林），并从北方的降服于他们的许多其他地区，给他们送来各种珍贵的毛皮，他们在冬季就穿用这些毛皮做成的衣服，在冬季，他们总是至少做两件毛皮长袍，通常是用狼皮或狐狸皮或猴皮做成的，当他们在帐篷里面时，他们穿另一种较为柔软的皮袍。穷人则用狗皮和山羊皮来做穿在外面的皮袍。他们也用毛皮做裤子。"①

蒙古男女都骑马。《鲁不鲁乞东行记》中有记载："所有的妇女都跨骑马上，像男人一样。她们用一块天蓝色的绸料在腰部把她们的长袍束起来，用另一块绸料束着胸部，并用一块白色绸料扎在两眼下面，向下挂到胸部。"②

《黑鞑事略》中也有蒙古人袍服的记载："其服，右衽而方领，旧以毡毳革，新以纻丝金线，色用红紫、绀绿，纹以日月龙凤，无贵贱等差。"其后徐霆注："霆尝考之，正如古深衣之制，本只是下领一如我朝道服领，所以谓之方领，若四方上领。则亦是汉人为之。鞑主及中书向上等人不曾着。腰间密密打作细褶，不记其数，若深衣止十二幅，鞑人褶多耳。又用红紫帛捻成线，横在腰，谓之腰线，盖马上腰围紧束突出。采艳好看。"③图 2-5-5 为蒙古袍的实物。图 2-5-6 中的蒙古人穿徐霆所记的袍服。

另外，蒙古人用一种小车，这种小车用来放置箱子。《鲁不鲁乞东行记》记载："结过婚的妇女为她们自己制造了非常美丽的车子……一个富有的蒙古人或鞑靼人有一二百辆这样的放置着箱子的车子……一个妇女可以赶二十或三十辆车子，因为那里的土地是平坦的。她们把这些车子一辆接一辆地拴在一起，用牛或骆驼拉车。这个妇女就坐在最前面一辆车子上，赶着牛，而所有其余的车子也就在后面齐步跟着。如果她们来到一段坏的路面时，她们就把这些车子解开，一辆一辆地把车子拉过去。"如图 2-5-7 所示的这种样式的小车模型，在元代墓葬中出土过多件。

---

① 道森：《出使蒙古记》，中国社会科学出版社 1983 年版，第 119 页。
② 道森：《出使蒙古记》，中国社会科学出版社 1983 年版，第 120 页。
③ 王云五：《丛书集成初编——黑鞑事略及其他四种》，商务印书馆 1937 年版，第 5 页。

图2-5-5　织金锦辫线袍（载于《黄金·丝绸·青花瓷——马可·波罗时代的时尚艺术》）

图2-5-6　赵雍绘《人马图》

图2-5-7 靳德茂墓出土马车模型

以上关于蒙古人的服饰和车舆使用的情况记载，是《元志》所说的"旧俗"的生动反映。

《新元志》记："宪宗二年，用冕服祭天于日月山。"《元史・宪宗本纪》中则有："是岁（宪宗四年），会诸王于颗颗脑兒之西，乃祭天于日月山。"[①]《元史》的其他章节中未见宪宗二年祭天日月山的记载。《新元志》记载的是宪宗二年，《元史》记载的是宪宗四年。或许《元史》记载的时间更为可靠一些，也就是在1254年，元宪宗蒙哥正式开始使用汉族皇帝祭祀使用的衮冕服。

"宪宗以下至世祖始制祭服。"依此记载，舆服制度在元世祖忽必烈执政期间得到建立与完善。至元十六年（1279年）三月，"中书省下太常寺讲究州郡社稷制度，礼官折衷前代，参酌《仪礼》，定拟祭祀仪式及坛壝祭器制度，图写成书，名曰《至元州县社稷通礼》，上之"。[②]元代在忽必烈统治时期开始制定系统的舆服制度。

《元志》记："至大间，太常博士李之绍、王天祐疏陈，亲祀冕无旒，服大裘而加衮，裘以黑羔皮为之。臣下从祀冠服，历代所尚，其制不同。集议得依宗庙见用冠服制度。"《新元志》记："武宗始议亲祀冕无旒，服大裘而加衮冕。"武宗在位期间，祭祀用大裘，大裘冕上本无旒，改用衮冕。

《元志》记："仁宗延祐元年冬十有二月，定服色等地。"1314年，仁宗命中书省定立服色等第。包括职官官服、命妇衣服和首饰、器皿使用、帐幕、车舆、鞍辔等使用等第，以及庶人、皂隶、娼家服色等。

《新元志》记："英宗始服衮冕，享于太庙。备卤簿，造五辂。"《元志》记载："至治元年，英宗亲祀太庙，诏中书及太常礼仪院、礼部定拟制卤簿五辂。以平章政事张珪、留守王伯胜、将作院使明里董阿、侍仪使乙剌徒满董其事。是年，玉辂成。明年，亲祀御之。后复命造四辂，工未成而罢。"最后制成玉辂并使用，其余四辂没有完成。从元英宗开始，祭祀使用衮冕成为固定制度。

---

① 宋濂等：《元史》，中华书局1976年版，第48页。
② 宋濂等：《元史》，中华书局1976年版，第210、211页。

《新元志》记："文宗始服大裘衮冕，亲祀昊天上帝于南郊。"《元史·文宗本纪》记载元文宗多次服衮冕，享于太庙。至顺元年（1330年）十月，"帝服大裘、衮冕，祀昊天上帝于南郊，以太祖皇帝配，礼成，是日大驾还宫"。[①]以大裘衮冕祭祀昊天上帝为标志，元代的舆服制度到元文宗时期得到完整执行。

---

① 宋濂等：《元史》，中华书局1976年版，第768页。

第三章

《元史·舆服志》图释

第一节　冕服

《元志》记，延祐七年（1320年）七月，英宗命礼仪院使八思吉斯传旨，令省臣与太常礼仪院速制法服。当年八月，中书省会集翰林、集贤、太常礼仪院官讲议，依秘书监所藏前代帝王衮冕法服图本，命相关部门依照该图式制作冕服。

衮冕[1]，制以漆纱，上覆曰綖[2]，青表朱里。綖之四周，匝以云龙。冠之口围，萦以珍珠。綖之前后，旒各十二，以珍珠为之。綖之左右，系黈纩[3]二，系以玄紞，承以玉瑱，纩色黄，络以珠。冠之周围，珠云龙网结，通翠柳调珠。綖上横天河带[4]一，左右至地。珠钿窠网结，翠柳朱丝组二，属诸笄，为缨络，以翠柳调珠。簪以玉为之，横贯于冠。

【注释】

1 衮冕：衮冕之制，虽说都源自《周礼》，但因朝代更迭，前代的衮冕样式渐失。元代沿用宋代衮冕样式。唐代以前的冕冠用的是黑介帻上附蝉，上有冕板。五代以后的冕板下则变成了圆筒。圆筒以漆纱或金属丝制作。

刘宋取代东晋后，沿用晋代的衮冕造型，梁、陈等朝的衮冕也一样。《通典》卷五十六载："（东晋）后帝郊祀天地明堂宗庙，元会临轩，改服黑介帻，通天冠，平冕。冕，皂表，朱缘里，广七寸，请一尺二寸，加于通天冠上，前圆后方，垂白玉珠十二旒，以朱组为缨，无緌。"①《通典》卷第五十七记："北齐采陈之制……其四时郊祀封禅大事，皆服衮冕。"②北齐采用和陈一样的服饰制度，使用衮冕。此时的衮冕构成为：服黑介帻，通天冠，平冕。《通典》卷五十六载："北齐制，皇帝加元服，以玉帛告圆丘方泽，以币告庙。择日临轩，中严，群官位定，皇帝著空顶介帻以出。太尉盥讫，升，脱空顶帻，以黑介帻奉加。讫，太尉进太保之右，北面读祝。讫，太保加冕，侍中繋玄紘，脱绛纱袍，加衮服。"如《通典》所记，北齐时期的冕冠并非一体的，皇帝加冠礼，祭天、告祖庙之后，在前殿典礼，皇帝出场时头戴空顶介帻，然后脱下空顶帻，戴上黑介帻，在上面加冕板，系上青黑色的带子。隋代沿用了北齐的衮冕制度（图3-1-1）。

图3-1-1 《历代帝王图》中的隋文帝（左）和刘备（右）

① 杜佑：《通典》，岳麓书社1988年版，第829页。
② 杜佑：《通典》，岳麓书社1988年版，第830页。

图3-1-2 《历代帝王图》中的隋文帝

两《唐书》关于唐代的衮冕记载颇为笼统，只记采用周制，有旒、缨、黈纩、玉簪导等。《通典》记："大唐因制，乘舆空顶黑介帻，双玉导，加宝饰，祭还及冬至朔日受朝会、临轩拜王公则服之。"① 唐代继续在重要祭祀场合使用黑介帻。另外，据《历代帝王图》所绘制的衮冕服推测，唐代的衮冕造型和前朝并无太大差异，依旧是黑介帻加冕板（图3-1-2，图3-1-3）。

① 杜佑：《通典》，岳麓书社1988年版，第842页。

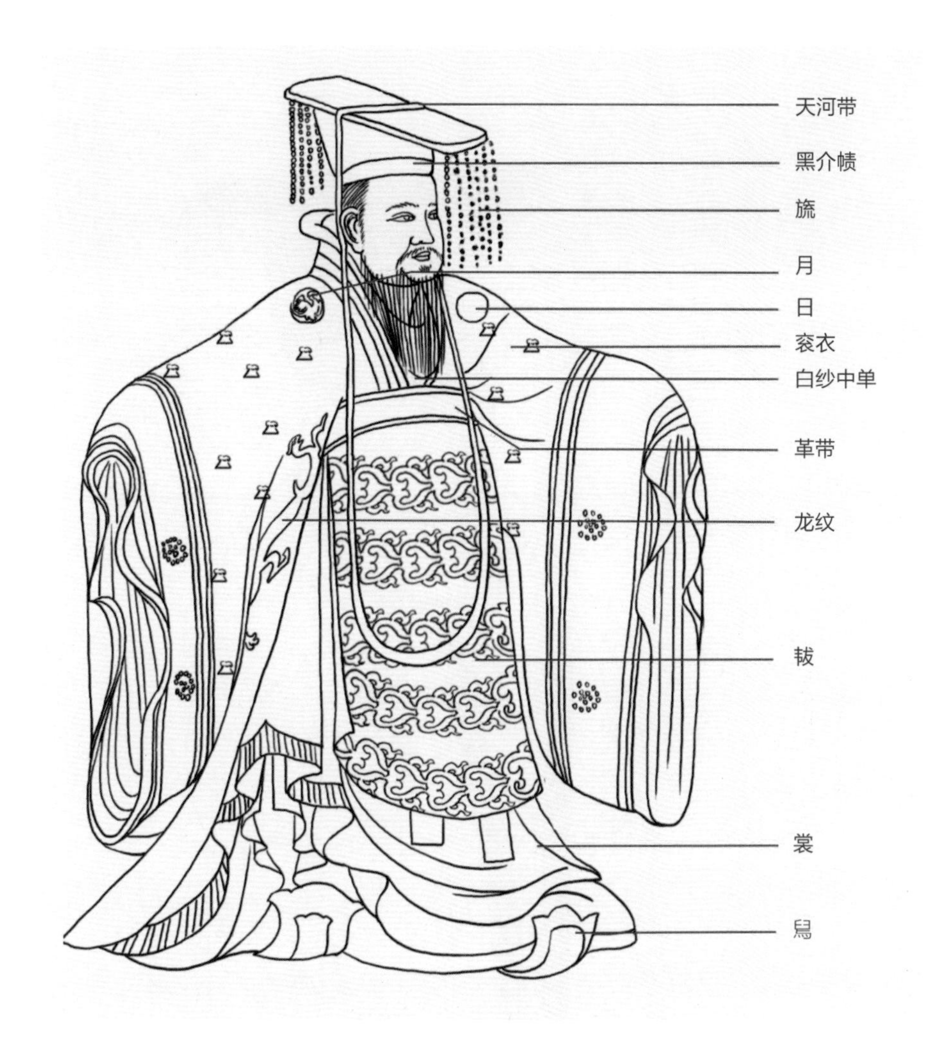

图3-1-3 唐代冕服构成（敦煌二二〇窟维摩诘经变下方帝王）

五代以后的衮冕有了明显变化。因战争原因，有些服饰在宋代已经失传，如《宋史·舆服志》记载，宋代在使用袴褶服时，因不知起梁带形制而使用革带代替。《宋史·舆服志》记："宋初因五代之旧，天子之服有衮冕，广一尺二寸，长二尺四寸，前后十二旒，二纩，并贯真珠。又有翠旒十二，碧凤御之，在珠旒外。冕版以龙鳞锦表，上缀玉为七星，旁施琥珀瓶、犀瓶各二十四，周缀金丝网，钿以真珠、杂宝玉，加紫云白鹤锦里。四柱饰以七宝，红绫里。金饰玉簪导，红丝绦组带。"此时冕冠也称为平天冠。其后又有多次修改。宋代衮冕的冕板和冠体已经是一体，冠体为金丝网圆筒，这是唐代及以前没有的。比较宋代《三礼图》和明代《三才图会》中的衮冕，样式基本一致（图3-1-4，图3-1-5）。

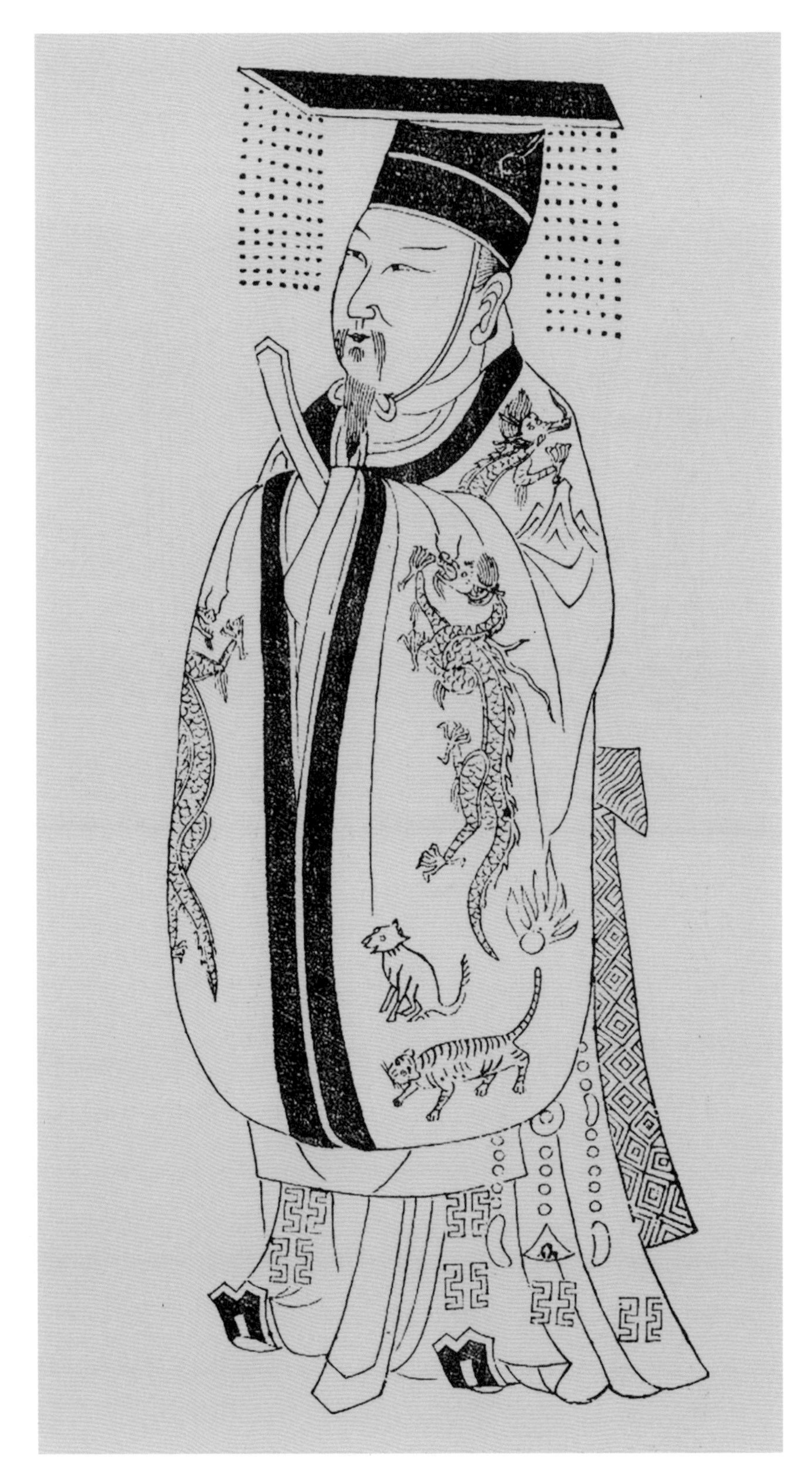

图3-1-4　宋代《三礼图》中的衮冕

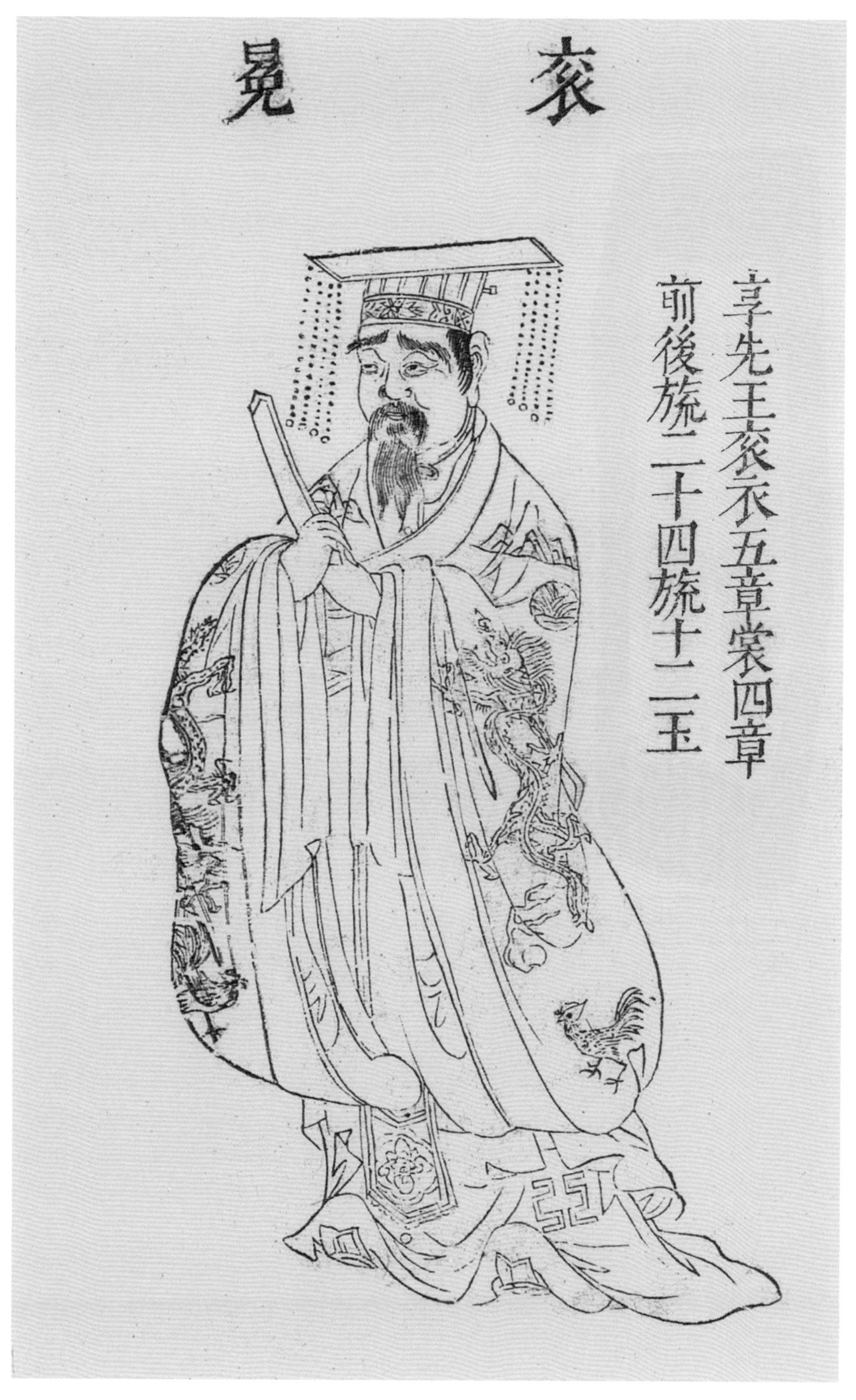

图3-1-5　明代《三才图会》中的衮冕

未见元代有冕冠实物遗存，距元代最近的冕冠实物是明鲁王朱檀墓出土的九旒衮冕。朱檀为朱元璋第十子，洪武二十二年（1389 年）薨。该冕造型和《元志》记载非常相近，唯纹样不同。元代的冕冠如图 3-1-6 所示，漆纱冠体上横一冕板，冕板和冠体为一个整体。

2 綖：《康熙字典》引《玉篇》载，“冕前后垂覆也。”又有注解释綖是“冠上覆”“冕以木爲幹，以玄布衣其上谓綖”。綖就是冕板，以木为胎，外面包上丝织物，朝上的一面为深青色，向下的一面为红色（图 3-1-6，图 3-1-7）。

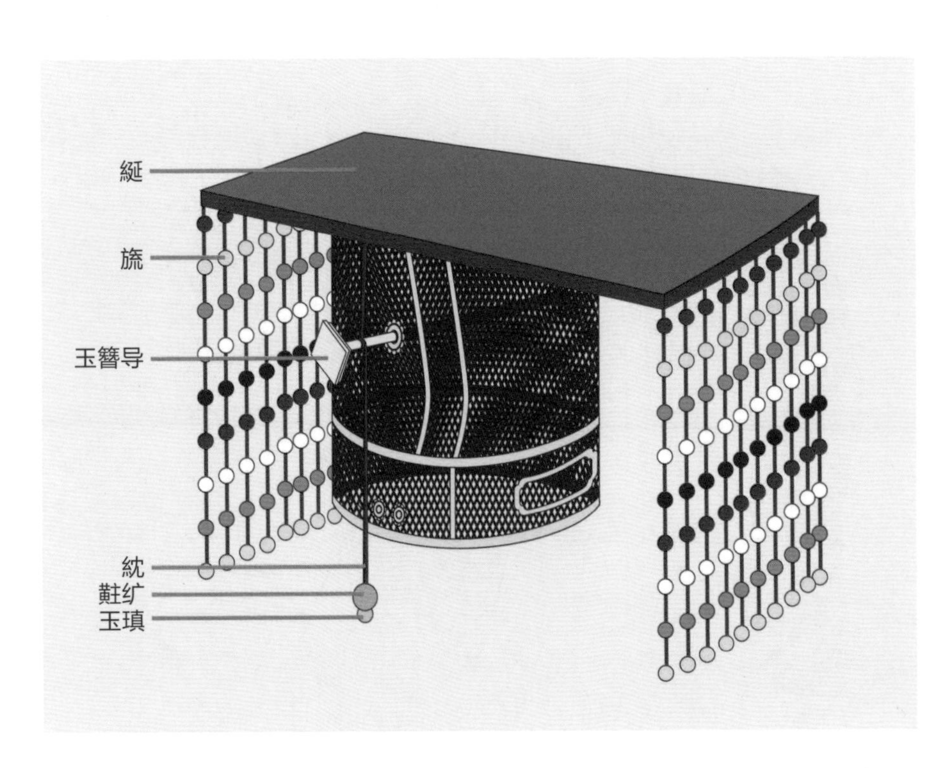

图3-1-6　明代九旒衮冕（据朱檀墓出土的九旒衮冕绘制）

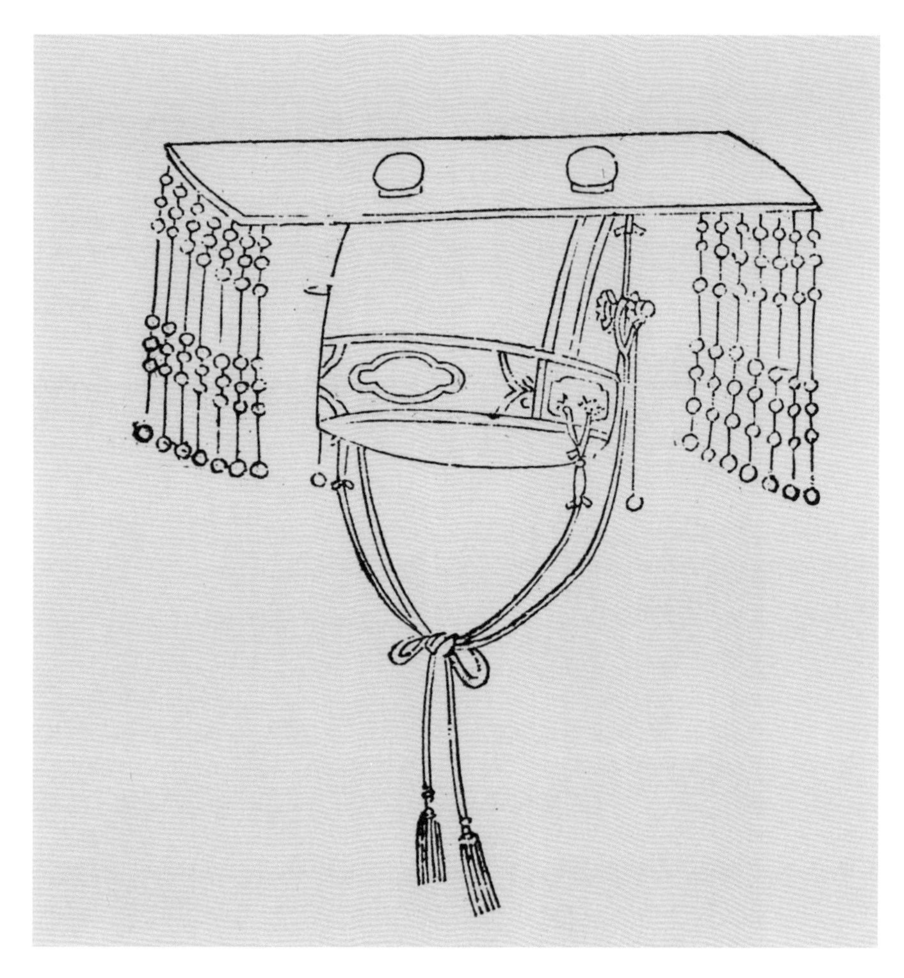

图3-1-7 《三才图会》中的冕冠

3 黈纩：《康熙字典》载，“《玉篇》黄色。《广韵》冕前纩也。《前汉·东方朔传》黈纩充耳，所以塞聪。《注》以黄绵为丸，用组悬之于冕，垂两耳旁，示不外听也。”黈纩为黄色绵球，用青黑色的丝带穿系，黈纩下用玉瑱为托。朱檀墓出土的九旒衮冕的紞为红色（图 3−1−6）。

4 天河带：唐代的天河带呈环形，挂在冕冠上，下部到膝盖位置（图 3−1−2，图 3−1−3）。元代的天河带下面两端着地（图 3−1−8）。

图3-1-8　宝宁寺水陆画中的北极紫微大帝

衮龙服[1]，制以青罗，饰以生色销金[2]帝星一、日一、月一、升龙四、复身龙四、山三十八、火四十八、华虫四十八、虎蜼[3]四十八。

【注释】

1 衮龙服：据《说文解字注》载，“〈传〉曰：衮衣、卷龙衣也。卷龙谓龙拳曲。〈礼记〉衮衣字皆作卷。”①衮龙就是卷曲的龙。《三才图会》中也有“龙首卷然，故谓之衮”。（图3-1-9）

图3-1-9 《三才图会》中的九罭衮衣

① 许慎撰，段玉裁注：《说文解字注》，上海古籍出版社1981年版，第388、389页。

衮龙服的称谓宋代已有,《宋史·舆服志三》:“准少府监牒,请具衮龙衣、绛纱袍、通天冠制度令式。”[①]《宋会要》:“太祖建隆元年二月九日,太常礼院言:‘准敕追尊四庙,皇帝御崇元殿,命使行册礼,衮龙服。五月一日御殿受朝通天冠、绛纱袍。’”[②]

元代沿用了衮龙服的称谓。蒙元时期图像中的衮龙服,多为窄袖口(图3-1-10,图3-1-11)。明代的衮龙服袖口则稍阔(图3-1-12,图3-1-13)。如依衮冕服的记载,祭祀所穿的衮冕服,应是宽大的袖口(图3-1-14)。

图3-1-10 《元世祖出猎图》局部

① 脱脱等:《宋史》,中华书局1977年版,第3523页。
② 徐松:《宋会要辑稿》,中华书局1957年版,第1794页。

图3-1-11 缂丝帝王图

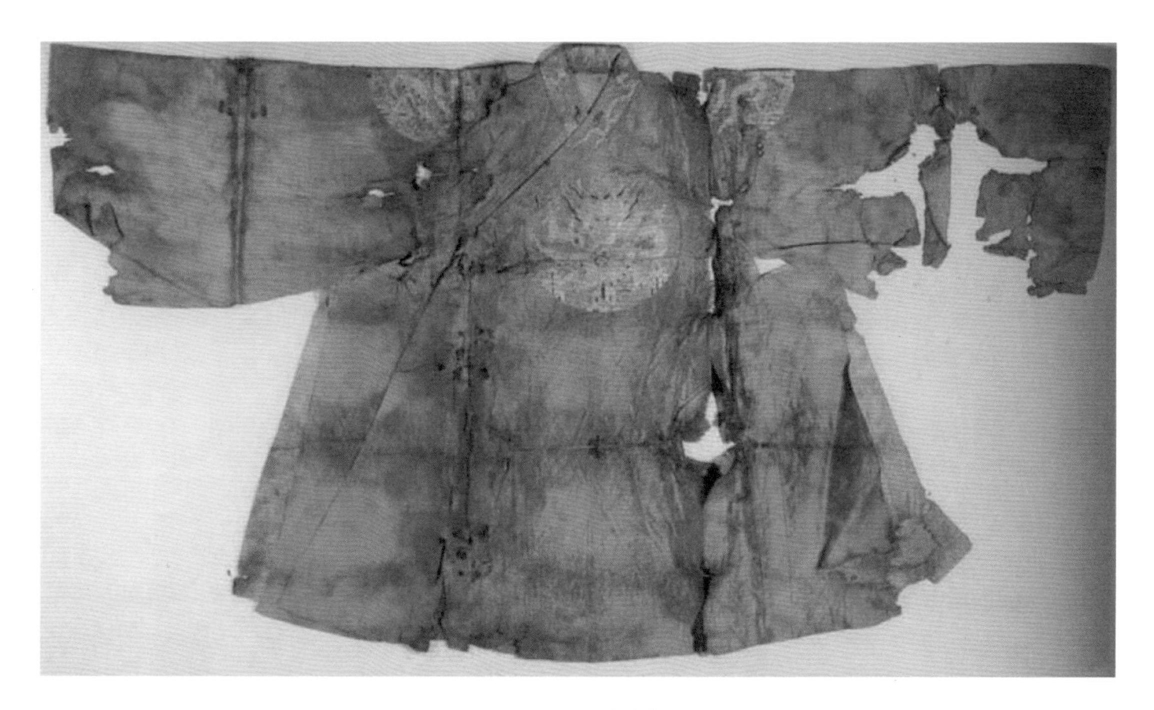

图3-1-12 明代龙袍

图3-1-13 明成祖像

图3-1-14　天子衮冕像

图3-1-15 蒙古帝王的龙袍

元代皇帝龙纹使用五爪龙。不禁民间用四爪龙胸背装饰，但缠身大龙不得使用。《大元通制条格》载，"大德元年三月十二日，中书省奏：街市卖的段子，似上位穿的御用大龙，则少壹个爪儿，肆个爪儿的织着卖有。奏呵，暗都剌右丞相、道兴尚书两个钦奉圣旨：胸背龙儿的段子织呵，不碍事，教织者。似咱每穿的段子织缠身大龙的，完泽根底说了，随处遍行文书禁约，休教织者。"[1] 所谓缠身大龙是指从胸口到肩部然后到背部的龙纹，如图 3-1-9 所示元世祖里面红色龙袍的纹样。蒙元帝王平日所穿缠身大龙龙袍大抵如图 3-1-15 所示。

---

① 郭成伟点校：《大元通制条格》，法律出版社 2000 年版，第 139 页。

2 生色销金：指闪亮的金色绣织、贴金或印金。销金可以是非常薄的金片贴镶，也可以是金线的织绣或者印绘。《天工开物》记载有做金线和金皮的方法，可用于服饰，这便是制生色销金的材料，“凡金箔，每金七釐造方寸金一千片，黏铺物面，可盖纵横三尺。凡造金箔，既成薄片后，包入乌金纸内，竭力挥椎打成（打金椎，短柄，约重八斤）。凡乌金纸由苏、杭造成，其纸用东海巨竹膜为质。用豆油点灯，闭塞周围，止留针孔通气，熏染烟光而成此纸。每纸一张，打金箔五十度，然后弃去，为药铺包朱用，尚未破损，盖人巧造成异物也。凡纸内打成箔后，先用硝熟猫皮绷急为小方板，又铺线香灰，撒墁皮上，取出乌金纸内箔覆于其上，钝刀界画成方寸。口中屏息，手执轻杖，唾湿而挑起，夹于小纸之中。以之华物，先以熟漆布地，然后黏贴（贴字者多用楮树浆）。秦中造皮金者，硝扩羊皮使最薄，贴金其上，以便剪裁服饰用，皆煌煌至色存焉。”[①]

从各种记载来看，销金主要指金线绣，宋代已经有较多使用，命妇可用，但民间禁用。《东京梦华录·相国寺内万姓交易》：“近佛殿，孟家道院王道人蜜煎，赵文秀笔，及潘谷墨，占定两廊，皆诸寺师姑卖绣作、领抹、花朵、珠翠头面、生色销金花样幞头帽子、特髻冠子、絛线之类。”[②]《东京梦华录·公主出降》：“又有宫嫔数十，皆真珠钗插吊朵玲珑簇罗头面，红罗销金袍帔……前后用红罗销金掌扇遮族……”[③]《东京梦华录·宰相亲王宗室百官入内上寿》：“女童皆选两军妙龄容艳过人者四百余人，或戴花冠，或仙人髻鸦霞之服，或卷曲花脚幞头，四契红黄生色销金锦绣之衣，结束不常，莫不一时新妆，曲尽其妙。”[④]

《宋史·食货志下二》：“京城之销金，衢、信之鍮器，醴、泉之乐具，皆出于钱。”[⑤]《宋史·舆服三》：“（仁宗景祐二年）六采绶依旧，减丝织造。所有玉环亦减轻。带头金叶减去，用销金。”[⑥]《宋史·舆服五》：“妇人假髻并宜禁断，仍不得作高髻及高冠。其销金、泥金、真珠装缀衣服，除命妇许服外，余人并禁。”[⑦]《宋史·宁宗本纪三》：“戊子，申严销金铺翠之禁。”[⑧]

---

① 宋应星：《天工开物》，商务印书馆 1954 年版，第 228 页。
② 孟元老：《东京梦华录》，中州古籍出版社 2010 年版，第 58 页。
③ 孟元老：《东京梦华录》，中州古籍出版社 2010 年版，第 76 页。
④ 孟元老：《东京梦华录》，中州古籍出版社 2010 年版，第 165 页。
⑤ 脱脱等：《宋史》，中华书局 1977 年版，第 4399 页。
⑥ 脱脱等：《宋史》，中华书局 1977 年版，第 3525 页。
⑦ 脱脱等：《宋史》，中华书局 1977 年版，第 3574 页。
⑧ 脱脱等：《宋史》，中华书局 1977 年版，第 761 页。

3 虎蜼：指宗彝，十二章纹之一（图 3-1-16）。宋初，七章在衮服，五章在裙。其后改为八章在衣，四章在裳，元代冕服因之。《周礼·司服》郑注："虎、蜼谓宗彝也。"贾疏："宗彝是宗庙彝尊，非虫兽之号。言宗彝者，以虎、蜼画于宗彝，以号虎蜼为宗彝，其实是虎、蜼也。虎、蜼同在于彝，故此亦并为一章也，虎取其严猛，蜼取其有智。"[①]《尔雅·释兽》："蜼卬鼻而长尾。"郭注："似猕猴而大，黄黑色。尾巴长数尺，似獭尾，末有歧。鼻露向上，雨即自悬于树，以尾塞鼻，或以两指。"[②] 蜼是一种长尾猕猴的形象。虎和蜼是两种形象，因绘在宗彝上，而将其代称宗彝。

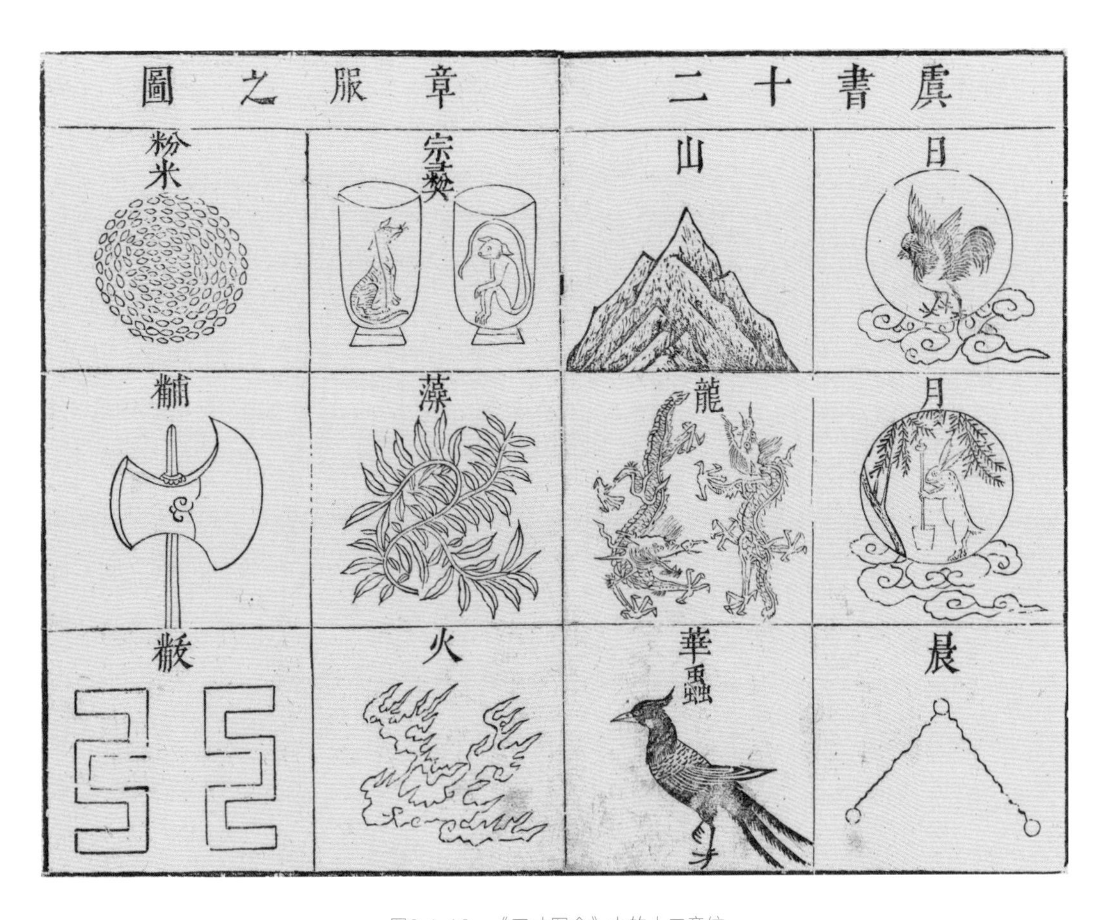

图3-1-16 《三才图会》中的十二章纹

① 《十三经注疏》，中华书局 1980 年版，第 781 页。
② 李学勤主编：《十三经注疏·尔雅注疏》，北京大学出版社 1999 年版，第 330 页。

裳，制以绯罗，其状如裙，饰以文绣，凡一十六行，每行藻二、粉米一、黼二、黻二。

【注释】

裳：裳的样式与裙近似，有藻、粉米、黼、黻四章（图 3-1-17）。

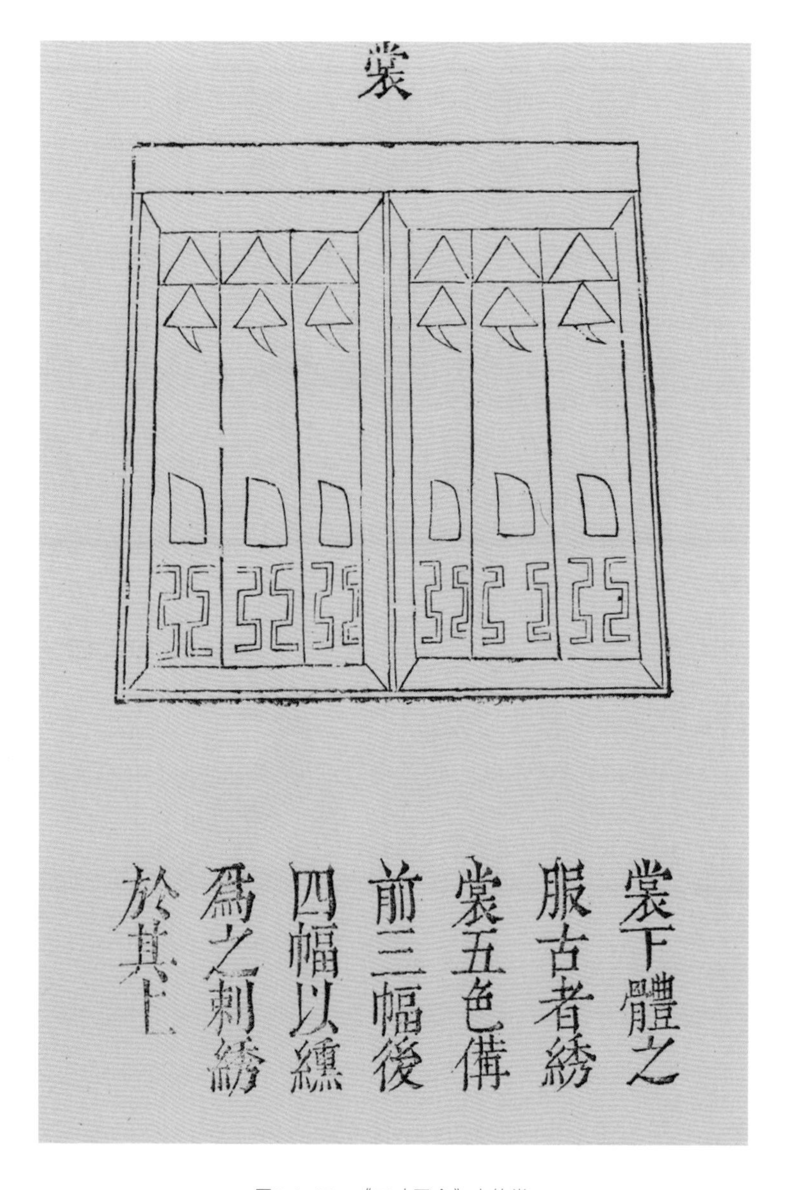

图3-1-17 《三才图会》中的裳

中单，制以白纱，绛缘，黄勒帛副之。

【注释】

中单：是穿在衮龙服里面的单衣，白纱制作，绛色为边，以黄勒帛为约束（图3-1-18）。

图3-1-18 中单（据明代《中东宫冠服》绘制）

蔽膝[1]，制以绯罗，有褾[2]。绯绢为里，其形如襜[3]，袍上着之，绣复身龙。

【注释】

1 蔽膝：也作敝膝，又称韨（也有写作绂的）。蔽膝系在腰间，盖于袍上，上面绣复身龙（图 3-1-19）。

2 褾：滚边，或者在服饰边缘加出较宽的包边。

3 襜：《尔雅注疏》载，"衣蔽前谓之襜（今蔽膝也）。"① 襜也指布帘。

图3-1-19 《三才图会》中的蔽膝

① 李学勤主编：《十三经注疏·尔雅注疏》，北京大学出版社 1999 年版，第 142 页。

玉佩，珩一、琚一、瑀一、冲牙一、璜二。冲牙以系璜，珩下有银兽面，涂以黄金，双璜夹之。次又有衡，下有冲牙。傍别施双的以鸣，用玉。

【注释】

玉佩：玉佩样式为珩、琚、瑀、冲牙各一，有璜两个。冲牙与璜系，珩下有银兽面，银兽面用黄金涂，银兽面两边用双璜夹着。连着衡，下有冲牙（图 3-1-20）。

玉佩和绶的使用如图 3-1-21 所示，玉佩挂于腰间两侧。

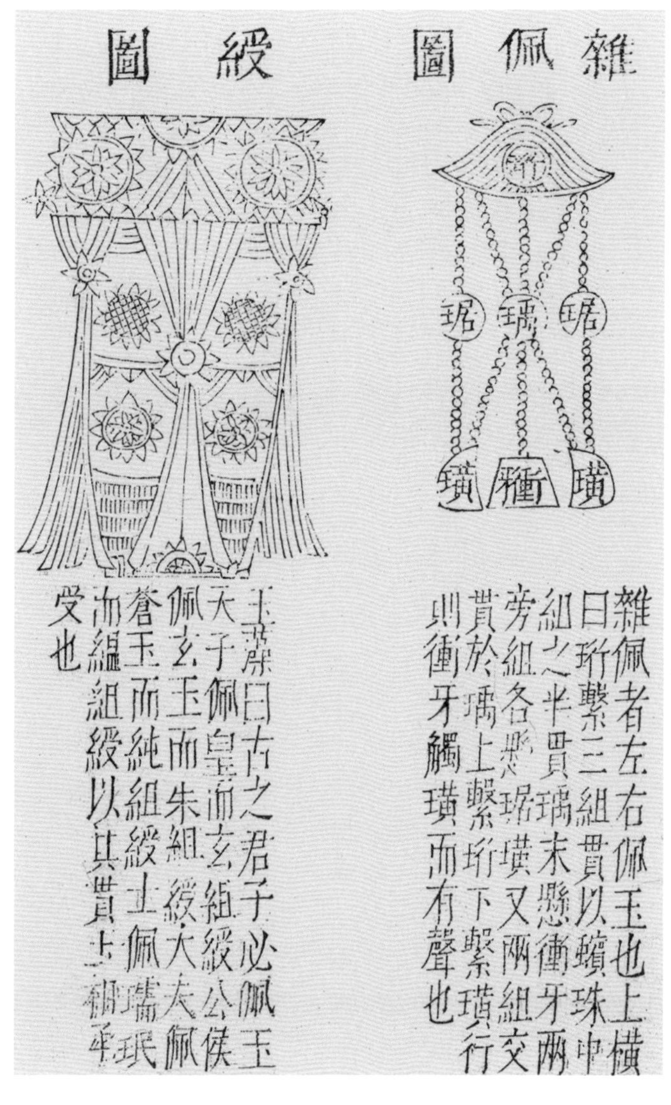

图3-1-20 《三才图会》中的绶和佩

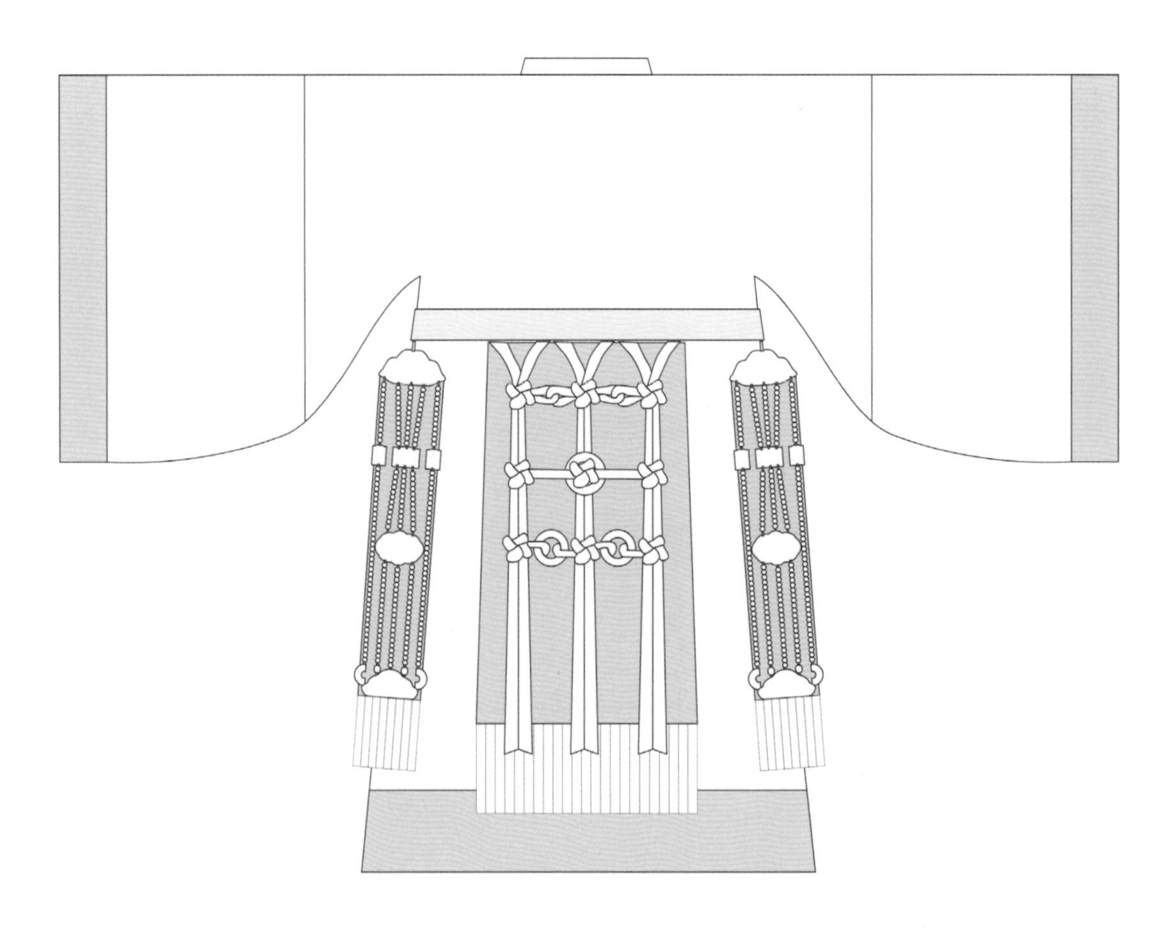

图3-1-21　玉佩和大绶的着装位置示意

大带[1]，制以绯白二色罗，合缝为之。玉环绶[2]，制以纳石失。金锦也。上有三小玉环，下有青丝织网。

【注释】

1 大带：大带束在腰间，用红白两种颜色的罗制作。样式如图 3-1-22 所示。

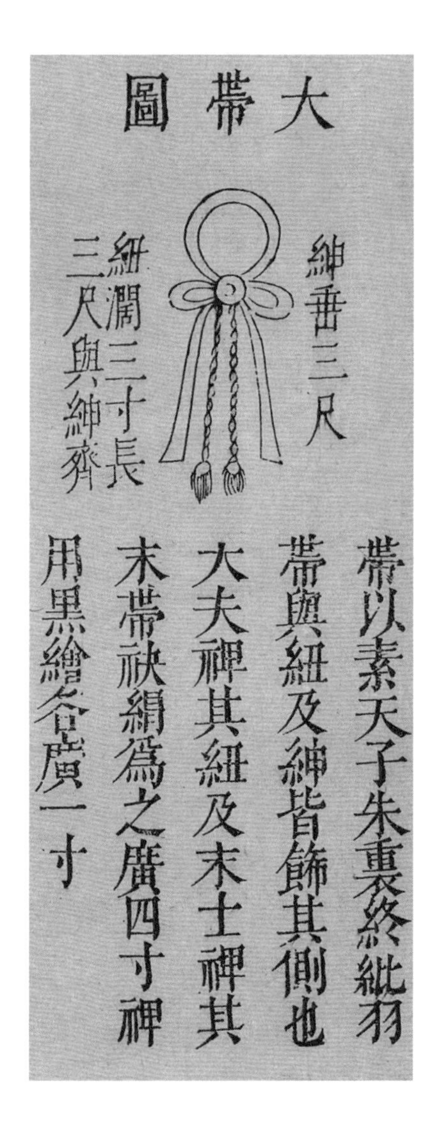

图3-1-22 《三才图会》中的大带

2 玉环绶：绶，用纳石失制作，上有三小玉环，下有青丝织网，样式如图 3-1-23 所示。

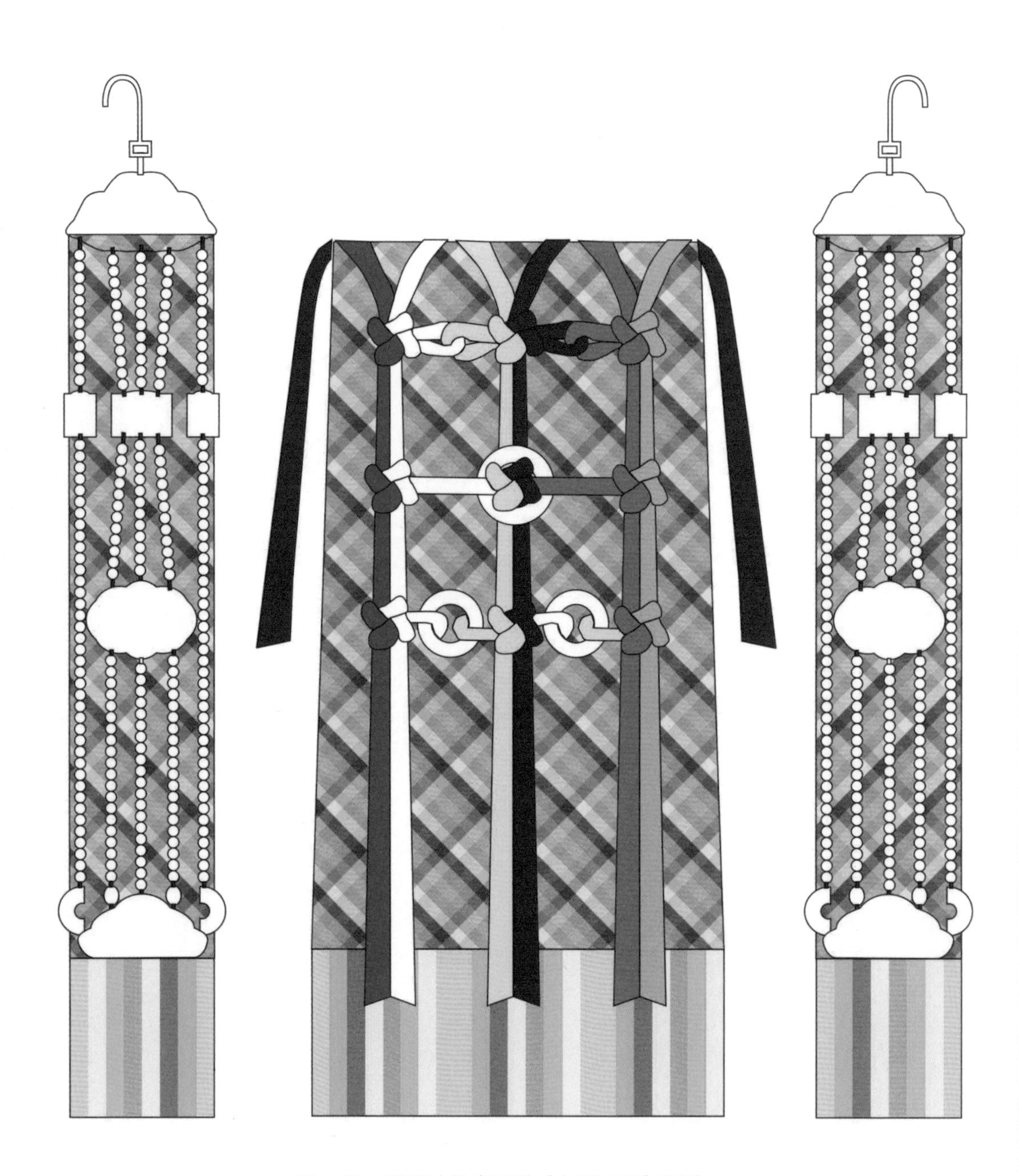

图3-1-23　双佩和大绶（据明代《中东宫冠服》绘制）

镇圭，制以玉，长一尺二寸，有袋副之。

【注释】

镇圭：《三礼图》记，“大宗伯以玉作六瑞，以等邦国。（等谓齐也。）执镇圭，长尺二寸，以镇安天下，盖以四镇山为缘饰，故得镇名。”镇安天下是镇圭得名的原因。镇圭四边装饰山纹。

镇圭，用玉制作，长一尺二寸（四十厘米），装在专门的袋子内，样式如图3-1-24所示。

图3-1-24 《三礼图》中的镇圭

皇太子冠服：衮冕，玄衣，纁裳，中单，蔽膝，玉佩，大绶，朱袜，赤舄。按《太常集礼》，至元十二年，博士拟衮冕制，用白珠九旒，红丝组为缨，青纩充耳，犀簪导。青衣、朱裳，九章。五章在衣，山、龙、华虫、火、宗彝；四章在裳，藻、粉米、黼、黻。白纱中单，青褾襈裾。革带，涂金银钩（鰈）。蔽膝，随裳色，为火、山二章。瑜玉双佩，四采织成大绶，间施玉环三。白袜朱舄，舄加金涂银扣。

【注释】

皇太子冠服：皇太子的衮冕组成为玄衣、纁裳、中单、蔽膝、玉佩、大绶、朱袜、赤舄（图 3-1-25），使用九章纹和九旒冕。舄如图 3-1-26 所示。

图3-1-25　皇太子衮冕像

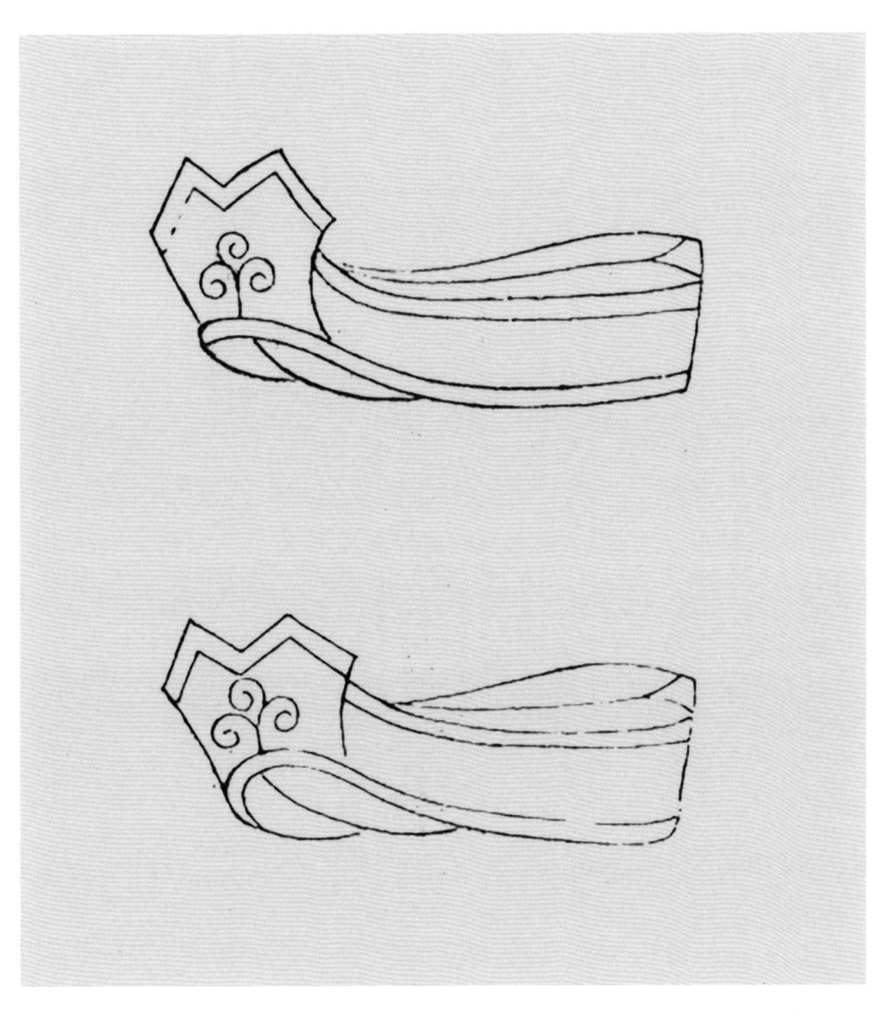

图3-1-26 《三才图会》中的舄

大德十一年九月，照拟前代制度。唐制，皇太子衮冕，垂白珠九旒，红丝组为缨，青纩充耳，犀簪导。玄衣、纁裳，九章。五章在衣，山、龙、华虫、火、宗彝；四章在裳，藻、粉米、黼、黻，织成之，每行一章，黼、黻重以为等，每行九。白纱中单，黼领[1]，青褾襈裾。革带，金钩觖，大带。蔽膝，随裳色，火、山二章。玉具剑，金宝饰玉镖首，瑜玉双佩。朱组带大绶，四采赤白缥绀，纯朱质，长丈八尺，首广九寸。小双绶，长二尺六寸，色同大绶，而首[2]半之，间施玉环三。朱袜赤舄，加金饰。侍从祭祀及谒庙、加元服、纳妃服之。宋制，皇太子衮冕，垂白珠九旒，红丝组为缨，青纩充耳，犀簪导。青衣、朱裳，九章。五章在衣，山、龙、华虫、火、宗彝；四章在裳，藻、粉米、黼、黻。白纱中单，青褾襈裾[3]。革带，涂金银钩觖。蔽膝，随裳色，火、山二章。瑜玉双佩，四采织成大绶，间施玉环三。白袜、朱舄，舄加涂金银饰。加元服、从祀、受册、谒庙、朝会服之。已拟其制，未果造。

【注释】

1 黼领：黼领也称襮，是指绣有黼纹的领子。《尔雅注疏》记："黼领谓之襮。（绣刺黼文以褗领。）"①《汉书·贾谊传》："美者黼绣，是古天子之服。"②

另有说黼是半黑半白的纹样，如《周礼·考工记》："白与黑谓之黼。"③黼是一种斧状纹样，如《尔雅注疏》记："斧謂之黼。"疏："以白黑二色画之为斧形，名黼。"④

2 首：《后汉书·舆服志》载，"凡先合单纺为一系，四系为一扶，五扶为一首，五首成一文，文采淳为一圭。首多者系细，少者系粗，皆广尺六寸。"⑤一首相当于二十系。汉代天子的绶为五百首，公、侯的为一百八十首，九卿、二千石的为一百二十首。

3 褾、襈、裾：指衣上不同部位的边缘。

褾：袖缘。

襈：衣边饰。

裾：前后襟。《说文解字》释为衣袍。《尔雅》释为后襟。《说文解字注》："衱谓之裾，衱同袷，谓交领。"⑥裾应指交领的前后部分。

① 李学勤主编：《尔雅注疏》属《十三经注疏》中一册，北京大学出版社 1999 年版，第 142 页。
② 班固：《汉书》，中华书局 1964 年版，第 2242 页。
③《十三经注疏》，中华书局 1980 年版，第 918 页。
④ 李学勤主编：《十三经注疏·尔雅注疏》，北京大学出版社 1999 年版，第 152 页。
⑤ 范晔：《后汉书》，中华书局 1965 年版，第 3675 页。
⑥ 许慎撰，段玉裁注：《说文解字注》，上海古籍出版社 1981 年版，第 393 页。

第二节 百官祭服、朝服

成宗大德六年（1302年）春三月，祭天于丽正门外丙地，命献官以下诸执事，各具公服行礼。当时大都还没有郊坛，从此大礼使用公服。

三献官及司徒、大礼使祭服：笼巾貂蝉冠[1]五，青罗服五，（领、袖、襕俱用皂绫。）红罗裙五，（皂绫为襕。）红罗蔽膝五，（其罗花样俱系牡丹。）白纱中单五，（黄绫带。）红组金绶绅五，（红组金译语言纳石失，各佩玉环二。）象笏五，银束带五，玉佩五，白罗方心曲领[2]五，赤革履五对，白绫袜五对。

【注释】

1 貂蝉冠：貂蝉冠汉代已有，元代沿用宋制。《宋史·舆服四》："貂蝉冠一名笼巾，织藤漆之，形正方，如平巾帻。饰以银，前有银花，上缀玳瑁蝉，左右为三小蝉，御玉鼻，左插貂尾。三公、亲王侍祠大朝会，则加于进贤冠而服之。"①样式如图3-2-1所示。

① 脱脱等：《宋史》，中华书局1977年版，第3558页。

在祭天典礼中，三献官及司徒、大礼使的祭服为貂蝉冠。其搭配为笼巾貂蝉冠、青罗服、红罗裙、红罗蔽膝，白纱中单，红组金绶，手持象笏（图 3-2-2）。

汉刘熙《释名·释衣服》中有曲领一词，但和后来的方心曲领并非一物。《隋书·礼仪志七》记七品以上有内单者服曲领。《唐六典》《新唐书·车服志》记有方心曲领。宋代的方心曲领成为朝服的重要组成部分，元代沿用宋制（图 3-2-3）。

图3-2-1　明人绘《范仲淹像》（临本）

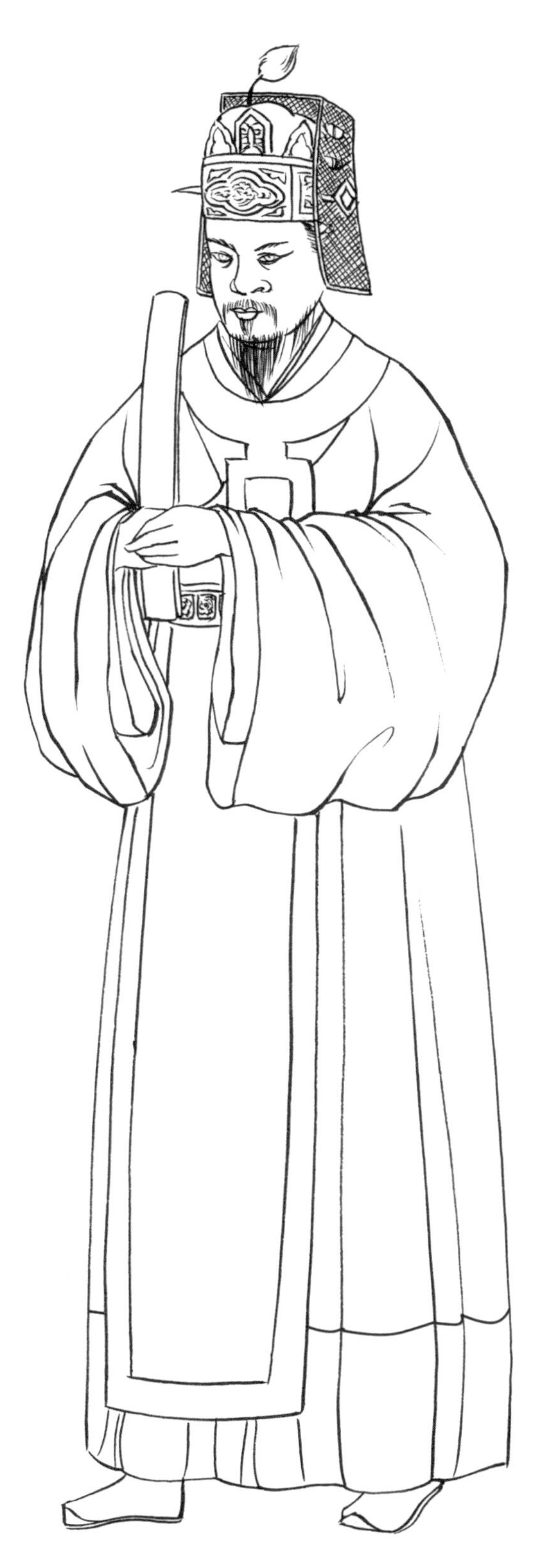

图3-2-2 貂蝉冠和青罗服

图3-2-3 《三才图会》中的方心曲领

助奠以下诸执事官冠服：貂蝉冠、獬豸冠[1]、七梁冠[2]、六梁冠、五梁冠、四梁冠、三梁冠、二梁冠二百，青罗服二百（领、袖、襕俱用皂绫）。红绫裙二百，皂绫为襕。红罗蔽膝二百，紫罗公服二百（用梅花罗）。白纱中单二百（黄绫带）。织金绶绅二百，红一百九十八，青二，各佩铜环二。铜束带二百，白罗方心曲领二百，铜佩二百，展角幞头二百，涂金荔枝带三十，乌角带一百七十，皂靴二百对，赤革履二百对，白绫袜二百对，象笏三十，银杏木笏一百七十。

凡献官诸执事行礼，俱衣法服。惟监察御史二，冠獬豸，服青绶。凡迎香、读祝及祀日遇阴雨，俱衣紫罗公服。六品以下，皆得借紫[3]。

【注释】

1 獬豸冠：獬豸冠汉代已有，为执法官员所戴。监察御史，其职责是监察，戴獬豸冠。宋代将进贤冠和獬豸冠作为同一物。《宋史·舆服四》："獬豸冠即进贤冠，其梁上刻木为獬豸角，碧粉涂之，梁数从本品。"① 宋人所绘《地狱十王》所戴獬豸冠和进贤冠实有区别（图 3-2-4）。元代獬豸冠如图 3-2-5 所示。

2 梁冠：梁冠是古时进贤冠演化而来的。宋代进贤冠："漆布为之，上缕纸为额花，金涂银铜饰，后有纳言。以梁数为差，凡七等，以罗为缨结之：第一等七梁，加貂蝉笼巾、貂鼠尾、立笔；第二等无貂蝉笼巾；第三等六梁，第四等五梁，第五等四梁，第六等三梁，第七等二梁，并如旧制，服同。"② 元代的梁冠应由宋代进贤冠简化而来，其基本样式如图 3-2-6 所示。

大祭时，助奠以下诸执事官据其职位使用貂蝉冠、獬豸冠和梁冠。依据品级不同，梁冠分为七梁冠、六梁冠、五梁冠、四梁冠、三梁冠、二梁冠。冠上梁越多，品级越高（图 3-2-7）。

① 脱脱等：《宋史》，中华书局 1977 年版，第 3558 页。
② 脱脱等：《宋史》，中华书局 1977 年版，第 3558 页。

图3-2-4　陆信忠绘《地狱十王》局部

图3-2-5 獬豸冠和袍服

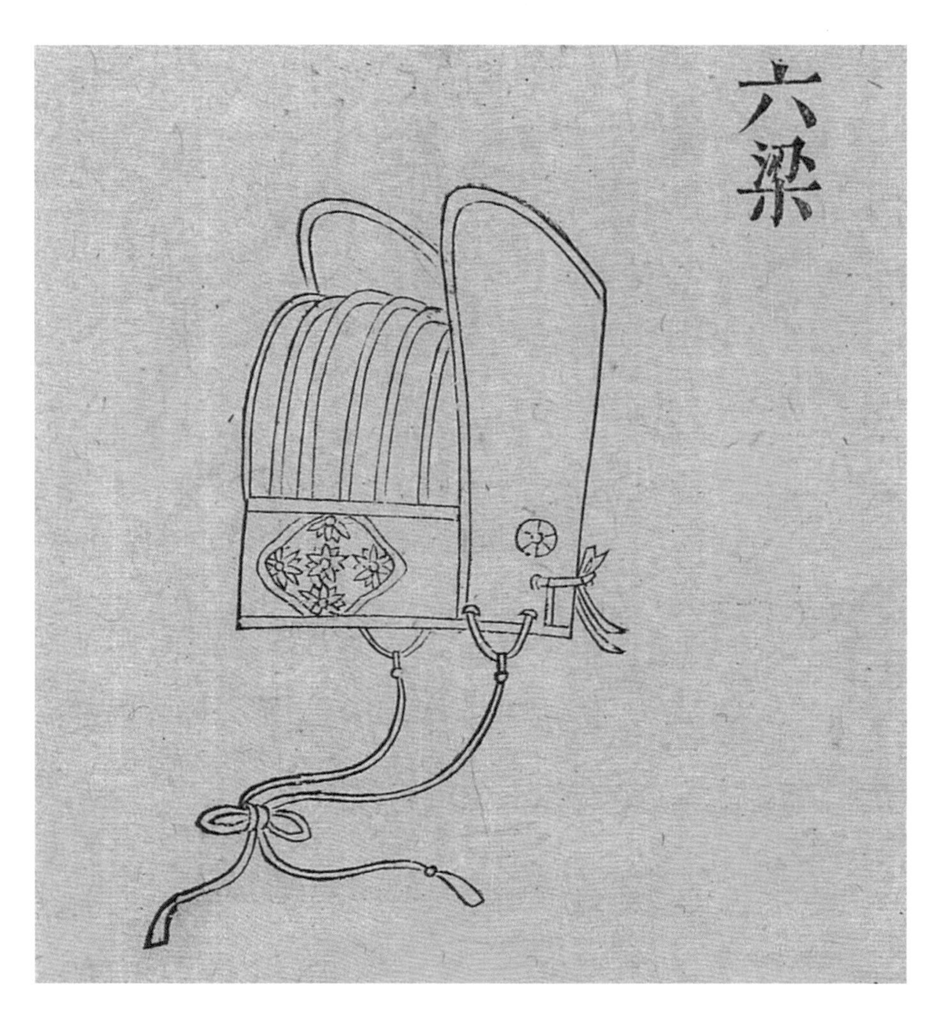

图3-2-6 《三才图会》中的梁冠

图3-2-7 梁冠和袍服

3 借紫：隋唐以后，服色的等级制度得到加强，不同级别的官员穿不同颜色的衣服，不可以僭越。唐代开始出现借紫借绯现象。所谓借紫借绯，是指某些官级未到穿紫绯衣袍的官员，但因为有功，得到皇帝的嘉赏，可以越级穿紫、绯。作为一种给官员的荣誉，赏紫绯的范围不断扩大。《唐会要·内外官章服》记载："开元三年八月诏。驸马都尉从五品阶。自今已后，宜准令式，仍借紫金鱼袋（驸马都尉借紫，自此始也）。"又注："天授二年八月二十日，左羽林大将军建昌王攸宁赐紫金带。九月二十六日，除纳言，依旧著紫带金龟。借紫自此始也。"[①]元代的借紫是出于祭祀需要，允许官员临时越级穿紫。

都监库、祠祭局、仪鸾局、神厨局头目长行人等：交角幞头五十，窄袖紫罗服五十，涂金束带五十，皂靴五十对。

【注释】

交角幞头：《元志》将幞头脚皆写作"角"。交角幞头即交脚幞头，幞头后的两脚在脑后相交。这种幞头宋代已有，如果两脚不相交，直指向天，称为朝天幞头。幞头两脚偏向一侧，称为顺风幞头。《梦溪笔谈》记载："本朝幞头，有直脚、局脚、交脚、朝天、顺风，凡五等，唯直脚贵贱通服之。"[②]如图 3-2-8 所示官员，有戴交角幞头的，也有戴朝天幞头的。

祭天时的低级官吏穿窄袖紫罗服。《元志》记，都监库、祠祭局、仪鸾局、神厨局头目长行人等，戴交角幞头，穿窄袖紫罗服，腰系涂金束带，穿皂靴。图 3-2-9 所示即穿戴交角幞头和窄袖紫罗服的形象，这也是一般官员的公服。

① 王溥：《唐会要》，中华书局 1955 年版，第 571 页。
② 沈括：《梦溪笔谈》，中华书局 2009 年版，第 11 页。

图3-2-8　宝宁寺水陆画中戴幞头的官员

图3-2-9　元代官吏俑

社稷祭服：青罗袍一百二十三，白纱中单一百三十三，红梅花罗裙一百二十三，蓝织锦铜环绶绅二，红织锦铜环绶绅一百一十七，红织锦玉环绶绅四，红梅花罗蔽膝一百二十三，革履一百二十三，白绫袜一百二十三，白罗方心曲领一百二十三，黄绫带一百二十三，佩一百二十三，铜珩璜者一百一十九，玉珩璜者四，蓝素纻丝带一百二十三，银带四，铜带一百一十九，冠一百二十三，水角簪金梁冠一百七，纱冠一十，獬豸冠二，笼巾纱冠四，木笏一百二十三，紫罗公服一百二十三，黑漆幞头一百二十三，展角全二色罗插领一百二十三，镀金铜荔枝带一十，角带一百一十三，象笏一十三枝，木笏一百一十枝，黄绢单包复一百二十三，紫纻丝抹口青毡袜一百一十三，皂靴一百二十三，窄紫罗衫三十，黑漆幞头三十，铜束带三十，黄绢单包复三十，皂靴三十，紫纻丝抹口青毡袜三十。

【注释】

社稷祭服：样式与前述祭服类似，数量与搭配略不同。社稷祭服依据不同职务，戴水角簪金梁冠、纱冠、獬豸冠或笼巾纱冠。穿青罗袍，白纱中单，红梅花罗裙。佩戴蓝织锦铜环绶绅，红织锦铜环绶绅，红织锦玉环绶绅，红梅花罗蔽膝。脚穿革履，白绫袜。领挂白罗方心曲领。用黄绫带、佩、铜珩璜、玉珩璜。腰系蓝素苎丝带，银带或铜带。执木笏。

官员用展角幞头的，腰间使用涂金荔枝带或乌角带，脚穿皂靴或赤革履及白绫袜，手持象笏或银杏木笏（图 3-2-10）。

图3-2-10 宝宁寺水陆画中戴展角幞头的官员

宣圣庙祭服：献官法服，七梁冠三，簪全。

【注释】

宣圣庙：是祭祀孔子的场所，封孔子为大成至圣文宣王，并增加了历代大儒从祀。《元史·祭祀五》记："宣圣庙，太祖始置于燕京。至元十年三月，中书省命春秋释奠，执事官各公服如其品，陪位诸儒襴带唐巾行礼。成宗始命建宣圣庙于京师。大德十年秋，庙成。至大元年秋七月，诏加号先圣曰大成至圣文宣王。延祐三年秋七月，诏春秋释奠于先圣，以颜子、曾子、子思、孟子配享。封孟子父为邾国公，母为邾国宣献夫人。皇庆二年六月，以许衡从祀，又以先儒周惇颐、程灏、程颐、张载、邵雍、司马光、朱熹、张栻、吕祖谦从祀。至顺元年，以汉儒董仲舒从祀。齐国公叔梁纥加封启圣王，鲁国太夫人颜氏启圣王夫人；颜子，兖国复圣公；曾子，郕国宗圣公；子思，沂国述圣公；孟子，邹国亚圣公；河南伯程灏，豫国公；伊阳伯程颐，洛国公。"①

宣圣庙祭服：为献官法服，戴七梁冠。穿鸦青袍，佩绒锦绶绅，革带青绒网并铜环。领挂方心曲领，蓝色结带。用铜佩。下穿红罗裙，内穿白绢中单。裙前系红罗蔽膝。脚穿革履和白绢袜。宣圣庙所用祭服除了冠上梁的数量与图3-2-7不一样，其余服饰基本一致。

执事儒服，软角唐巾，白襴插领，黄鞓角带，皂靴，各九十有八。

【注释】

在祭祀孔子时，学子和儒官的服饰另有规定。大德十年（1306年）六月，定儒官服色，重庆路学正涂庆安上书，认为学正师儒之官不应常服列班陪拜，有失观瞻，要求按照吏目、巡检等制造服色，都省准呈施行。

① 宋濂等：《元史》，中华书局1976年版，第1892、1893页。

至元十年（1344 年）二月，祭祀孔子时，秀才备唐巾、襕带。令执事官员，各依品序穿着公服，外据陪位诸儒亦穿襕带，头戴唐巾。“至元十年二月中书吏礼部：承奉中书省判送：大司农、御史中丞兼领侍仪司呈：‘至圣文宣王，用王者之礼乐，御王者之衣冠，南面当坐，天子拱祠。其于万世之绝尊、千载之通祀者，莫如吾夫子也。切见外路官员、提学、教授，每遇春秋二丁，不变常服，以供执事，于礼未宜。及照得汉唐以来，祭文庙、享社稷，无非具公服，执手板，行诸祭享之礼。且乡人傩，孔子犹朝服而立于阼阶，况先圣先师安得不备礼仪者乎？释、老二家与儒一例，彼皆黄冠缁衣，以别其徒，独彼孔门衣服混然，无以异于常人者。自今以往，拟合令执事官员，各依品序，穿着公服，外据陪位诸儒亦合衣襕带，冠唐巾，以行释菜之礼，似为相应。’批奉都堂钧旨送吏部。议得：衣冠所以彰贵贱、表诚敬，况国家大祀先圣先师，不必援释、老二家之例。凡预执事官员及陪位诸儒，自当谨严仪礼，以行其事。参详：如准侍仪司所呈，似为相应。乞赐遍行合行属，春秋二丁，除执事官已有各依品序制造公服外，据陪位诸儒，自备襕带、唐巾，以行释菜之礼。”[①] 唐巾样式如图 3-2-11 所示。

“‘本台看详：自平一江南以来，凡遇春秋朔望拜奠，诸儒各衣深衣，执事陪位，行之已久。考之于古，允协礼文。南北士服，宜从其便。具呈照详。’得此，送据礼部呈：‘议得：释奠先圣，礼尚诚敬。除腹裹已有循行体制外，有江南路分，合令献官、与祭官员依品序，各具公服。执事斋郎人员衣襕带、冠唐巾行礼。陪位诸儒，如准行台所拟，南北士服，各从其便，于礼为宜。具呈照详。’都省准拟，咨请依上施行。”[②]

祭祀孔子用的儒服为唐巾和圆领袍，与秀才平时所穿基本相同（图 3-2-12）。山西省右玉县宝宁寺明代水陆画中可见元代时的文人形象，画面上有人着圆领服，头戴唐巾，元式唐巾后垂二带向外张开；也有着交领儒服者，头戴儒巾（图 3-2-13）。

---

① 陈高华等（校注）：《元典章》，天津古籍出版社，中华书局 2011 版，第 1034、1035 页。
② 陈高华等（校注）：《元典章》，天津古籍出版社，中华书局 2011 版，第 1036 页。

图3-2-11 《三才图会》中的唐巾

图3-2-12 儒服

图3-2-13 宝宁寺水陆画中的文人

曲阜祭服，连蝉冠四十有三，七梁冠三，五梁冠三十有六，三梁冠四，皂苎丝鞋三十有六緉，舒角幞头二，软角唐巾四十，角簪四十有三，冠缨四十有三副，凡八十有六条。

【注释】

曲阜祭服：曲阜祭祀孔子时所穿的服装。《元史·祭祀五》："成宗即位，诏曲阜林庙，上都、大都诸路府州县邑庙学、书院，赡学土地及贡士庄田，以供春秋二丁、朔望祭祀，修完庙宇。自是天下郡邑庙学，无不完葺，释奠悉如旧仪。"[①] 曲阜祭服所穿唐巾等如图 3-2-13 所示。

象牙笏七，木笏三十有八，玉佩七，凡十有四系。铜佩三十有六，凡七十有二系。带八十有五，蓝鞓带七，红鞓带三十有六，乌角带二，黄鞓带、乌角偏带四十，大红金绶结带七，上用玉环十有四。

【注释】

宋元时期的官员的公服腰系两条带，一条为束带，一条为偏带（图 3-2-14）。元代还以鞓带颜色来区别官职，如鞓带有蓝、红、黄等。

西安王世英墓中出土了多件头戴幞头，穿短袍，腰系黑角带的小吏俑。从图像上看，元代小吏腰间除了系束带和偏带之外，带下还用布料在腰间捆一道，并在后腰打结（图 3-2-15）。

---

① 宋濂等：《元史》，中华书局 1976 年版，第 1901 页。

图3-2-14 宝宁寺水陆画中着束带和偏带的官员

图3-2-15 王世英墓出土陶俑

第三节 质孙

质孙，汉言一色服也，内庭大宴则服之。冬夏之服不同，然无定制。凡勋戚大臣近侍，赐则服之。下至于乐工卫士，皆有其服。精粗之制，上下之别，虽不同，总谓之质孙云。

【注释】

质孙服：是蒙古语jisun（意为颜色）的音译，也写作“只孙”“济孙”等，有史料记载称作“诈马”。质孙服就是蒙古式样的袍服，按照材质、色彩和纹样等区别等级。质孙服是元代达官贵人地位和身份的象征，大臣们受到皇帝所赐质孙服，则表明皇帝对臣僚的宠爱，受赐者也以此为荣。质孙服，汉人称为一色服。冬夏质孙服不同，但没有具体规定，如勋戚大臣近侍等，遇到赏赐质孙服就穿上。下至乐工卫士，都有质孙服。精粗之制，质孙服的等级差别由衣服的精粗来表现，虽有不同，笼统称为质孙服。

质孙服是蒙古贵族所穿的礼服，最早记载于《史集》中，记录太宗窝阔台继承汗位时“穿上一色衣服”。穿质孙服参加的宫廷宴会，被称为“质孙宴”或“诈马宴”，每日换一次衣服，所以皇帝、贵族、大臣等都有多套质孙服。周伯琦曾记录了上都诈马宴的盛况，指出宴会要举行三日，“宿卫大臣及近侍服所赐济孙珠翠金宝衣冠腰带”“其佩服日一易”。史书上具体提及质孙服时间的记录是1234年。1235年，窝阔台在鄂尔浑河上游东岸哈剌和林山附近建城，作为蒙古国的都城，定名为哈剌和林。《元史·太宗纪》记载在此之前："太宗六年（1234年）夏五月，帝在达兰达葩之地，大会诸王、百僚，谕条令曰：凡当会不赴而私宴者，斩……诸妇人制质孙燕服不如法者，及妒者，乘以骣牛徇部中，论罪，即聚财为更娶。"[①]

《马可·波罗行纪》记载了大汗生日那天赐予贵族和武官质孙服的情景："应知每年鞑靼人皆庆贺其诞生之日。大汗生于阳历九月即阴历八月二十八日。是日大行庆贺，每年之大节庆，除后述年终举行之节庆外，全年节庆之重大无有过之者也。大汗于其庆寿之日，衣其最美之金锦衣。同日至少有男爵骑尉一万二千人，衣同色之衣，与大汗同，所同者盖为颜色，非言其所衣之金锦与大汗衣价相等也，个人并系一金带，此种衣服皆出汗赐，上缀珍珠宝石甚多，价值金别桑（besant）确有万数。此衣不止一袭，盖大汗以上述之衣颁给其一万二千男爵骑尉，每年有十三次也，每次大汗与彼等服同色之衣，每次各易其色，足见其事之盛，世界之君主殆无有能及之者也。"[②]

《元文类》卷四一记载："国有朝会庆典，宗王大臣来朝，岁时行幸，皆有燕飨之礼。亲疏定位，贵贱殊列，其礼乐之盛，恩泽之普，法令之严，有以见祖宗之意深远矣。与燕之服，衣冠同制，谓之质孙，必上赐而后服焉。"[③]

质孙服的形制是上衣连下裳，形如中国古代的"深衣"，但衣式较紧窄且下裳较短，在腰间密密打细褶，用红紫帛捻成线，横在腰际，骑在马上腰围紧束突出，艳丽好看。最初使用毡毳革作为原料，后用苎丝金线，色多用红、绀、紫、绿等，衣之绣纹有日、月、龙、凤等。各级人士穿着的质孙色彩一致，但面料质地、装饰及款式却上下有别。蒙元时期有法律规定，民间不允许制作质孙服，而官府所制的质孙服也非买卖品，不得流入民间。

在蒙古汗国时期还保留左衽长袍，到元代质孙服为右衽交领。蒙元时期的帝后像和墓室出土的墓主人图像中均穿着交领的长袍，而墓室壁画中的侍从、仆人等则穿着圆领长袍。质孙服为贴合人体的窄袖，方便狩猎。如图 3-3-1 所示，元太祖铁木真头戴暖帽，穿质孙服。

质孙服式为头戴大檐帽[④]或宝顶钹笠，肩有批领，称为"贾哈"，它是沿袭辽制的一种披肩，元代官吏常在质孙服上披戴。腰部系有革带，佩有革囊。

---

① 宋濂等：《元史》，中华书局 1976 年版，第 33 页。
② 冯承钧译：《马可·波罗行纪》，上海书店出版社 2001 年版，第 222 页。
③ 任继愈主编：《中华传世文选》，吉林人民出版社 1998 年版，第 704 页。
④ 据《事物绀珠》记载："圆帽，元世祖出猎，恶日射目，以树叶置胡帽前，其后以毡片置前，即大檐帽，后质孙官服亦可采用。"

图3-3-1 元太祖铁木真像

天子质孙，冬之服凡十有一等，服纳石失[1]（金锦也）。怯绵里（翦茸也）。则冠金锦暖帽[2]。服大红、桃红、紫蓝、绿宝里（宝里[3]，服之有襕者也）。则冠七宝重顶冠。服红黄粉皮，则冠红金褡子暖帽。服白粉皮，则冠白金褡子暖帽。服银鼠，则冠银鼠暖帽，其上并加银鼠比肩（俗称曰襻子答忽[4]）。

【注释】

1 纳石失：又称为纳失失、纳赤思，波斯语 nasish 的音译，指一种绣金锦缎，原产地在中亚（图 3-3-2）。蒙古国时期，一些“西域织金绮纹工”东来，被安置在弘州、荨麻林等地，后来专门设置了弘州、寻麻林纳失失局，《元史》记载太宗时，“收天下童男童女及工匠，置局弘州。既而得西域织金绮纹工三百余户，及汴京织毛褐工三百户，皆分隶弘州，命镇海世掌焉”“招收析居放良等户，教习人匠织造纳失失”①。

图3-3-2　卷草地滴珠兔纹纳石失织金锦（载于《黄金·丝绸·青花瓷——马可·波罗时代的时尚艺术》）

① 宋濂等：《元史》，中华书局 1976 年版，第 2964 页。

元代织染工业分为官办和民办两类。官办设立专管织染的织染司、局，规模庞大，主要生产织金锦缎，即“纳石失”。这种金锦只有帝王和蒙古族权贵才能服用。

元朝建立后，徽政院于至元十五年（1278年）设“弘州、荨麻林纳石失局，秩从七品，二局各设大使一员、副使一员”。《元史》卷八十九。次年，政府将两局并为一局。到至元三十一年（1294年），又“以两局相去一百余里，管办非便，后为一局”。除弘州、荨麻林两局外，工部还置有“纳石失毛段二局，院长一员”。[①]

其生产方法有两种，一种是在织造时把一些切成长条的金箔夹织在丝线中，这样织成的锦，金光闪熠，光彩夺目；另一种是用金箔捻成的金线和丝线交织而成，这样织成的锦，坚固耐用。前者即片金法，后者则为圆金法。[②]

西域工匠所织的纳石失，品质优良，深得蒙古贵族的喜爱。皇帝常用纳石失赏赐臣下。如纳石失中的“旦耳答者，西域织文之最贵者也”，札剌儿部阿剌罕就曾因功获赐旦耳答衣九袭。阿速人拔都儿，亦因战功享著而获“赏纳失思段九”。[③]

元朝纳石失生产由政府设置的别失八里局、弘州人匠提举司、纳石失毛段二局、兴和路荨麻林人匠提举司和弘州、荨麻林纳石失局等机构管理。马可·波罗曾路经荨麻林见到西域工匠织造的纳石失。他说：“从天德军东向骑行七日……见有城堡不少。居民崇拜摩诃末，以工商为业，制造金锦，其名曰纳石失 (nasich)、毛里斯（molinw）、纳克（nagwe），并织其他种种绸绢。”

2 暖帽：元太祖（图3-3-1）和世祖像（图3-3-3）戴银鼠暖帽，穿白衣。银鼠暖帽、银鼠袍和银鼠比肩的搭配是十一种帝王大朝会质孙冬服之一。

《元世祖出猎图》描绘了忽必烈带着卫士（怯薛）打猎的场景，图中的忽必烈穿红色云龙纹锦袍，外穿（领口和袖口镶着黑色毛皮的裘皮大衣），头戴红色暖帽，脚穿红色靴。

图3-3-4所示的元代立俑戴暖帽。民间使用暖帽一般为皮裘或毡制。这种样式的暖帽从皇帝到庶民都用，唯以材质区分等级。

---

① 宋濂等：《元史》，中华书局1976年版，第2150页。
② 马建春：《元代西域纺织技艺的引进》，新疆大学学报（哲学人文社会科学版）2005年第2期，第73页。
③ 宋濂等：《元史》，中华书局1976年版，第3212页。

图3-3-3　元世祖忽必烈像

图3-3-4 戴暖帽的元代陶俑

3 宝里："宝里，服之有襕者也。"襕是指加在袍下端或袖口的宽布片。

4 答忽：《元志》称"答忽"即"比肩"，王公贵族的答忽衣是用银鼠皮制成的冬季罩在质孙长袍外的衣服。从图上看答忽款式为短袖、右衽，长下摆两侧开衩。而元人所穿的袄子，是蒙汉各族人民通用的服饰，蒙古语写作"dahu"也称"答忽"，又被译写作"搭护"等。比肩、答忽是形制和功能相同的服饰。一般人穿羊皮、羊羔皮袄子居多，而贵族则有貂皮、鼠皮答忽。据史料分析，答忽有两种式样。一种是《元史·舆服志一》中的"襻子答忽"即有扣襻的答忽。《元史语解》卷二十四名物门："达呼，皮端罩也。"卷七十八写作"答忽"，这是交领的无袖背心，即没有双袖的上衣（图 3–3–5，图 3–3–6）。另一种答忽是毛皮外套。翟灏《通俗编》卷二十五《服饰·搭护条》中郑思肖诗"骏笠毡靴搭护衣，金牌骏马走如飞"所指是短袖外套。

答忽有长有短，图 3–3–7 所示立俑所穿即是短答忽，答忽外还用革带，革带下方为布帛带。

图 3–3–8 所示的元代缂丝帝王像中的帝王头戴暖帽，内穿红色龙纹质孙服，外穿龙纹答忽。

图 3-3-5　答忽实物（载于《中国丝绸科技艺术七千年》）

图 3-3-6　菱纹暗花绸答忽（载于《中国织绣服饰全集》）

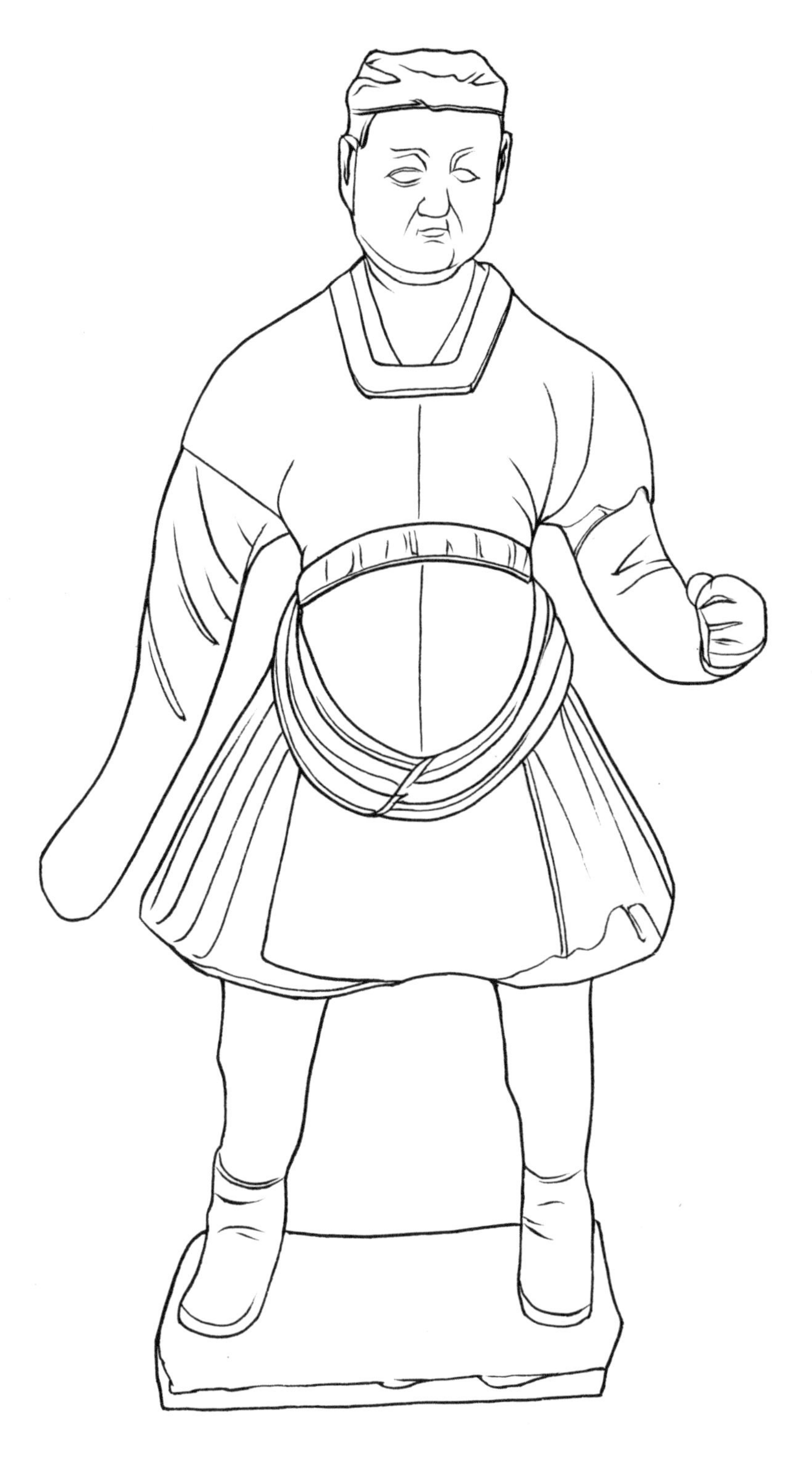

图3-3-7 穿答忽的元代立俑

图3-3-8　元代缂丝帝王像

夏之服凡十有五等，服答纳都纳石失（缀大珠于金锦），则冠宝顶金凤钹笠[1]。服速不都纳石失（缀小珠于金锦），则冠珠子卷云冠。服纳石失，则帽亦如之。服大红珠宝里红毛子答纳，则冠珠缘边钹笠。服白毛子金丝宝里，则冠白藤宝贝帽。服驼褐毛子，则帽亦如之。服大红、绿、蓝、银褐、枣褐、金绣龙五色罗，则冠金凤顶笠[2]，各随其服之色。服金龙青罗，则冠金凤顶漆纱冠。服珠子褐七宝珠龙褡子，则冠黄牙忽宝贝珠子带后檐帽。服青速夫金丝襕子（速夫，回回毛布之精者也），则冠七宝漆纱带后檐帽[3]。

【注释】

1 钹笠：元代帝王像中，除了太祖和世祖像，其余几位元代皇帝都戴白色钹笠，笠顶有金饰和宝石，笠后有布帘阻挡风沙（图 3-3-9）。

2 金凤顶笠：不分贵贱皆戴笠帽，其样式如图 3-3-10 所示。笠帽之贵贱区别在其饰。金凤顶笠指在笠帽顶有金质凤装饰。以珠宝饰帽顶，是元人习俗（图 3-3-11）。

“北人华靡之服，帽则金其顶，袄则线其腰，靴则鹅其顶。”① 贵族等所戴笠上大多装饰着珍珠或玉石。陶宗仪在《南村辍耕录·回回石头》中提及“成宗大德年间，本土巨商中卖红刺石一块于官，重一两三钱，估直中统钞十四万锭，用嵌帽顶上。自后累朝皇帝相承，凡正旦及天寿节大朝贺时则服之”。②

① 叶子奇：《草木子》，中华书局 1959 年版，第 61 页。
② 陶宗仪：《南村辍耕录》，中华书局 1959 年版，第 84 页。

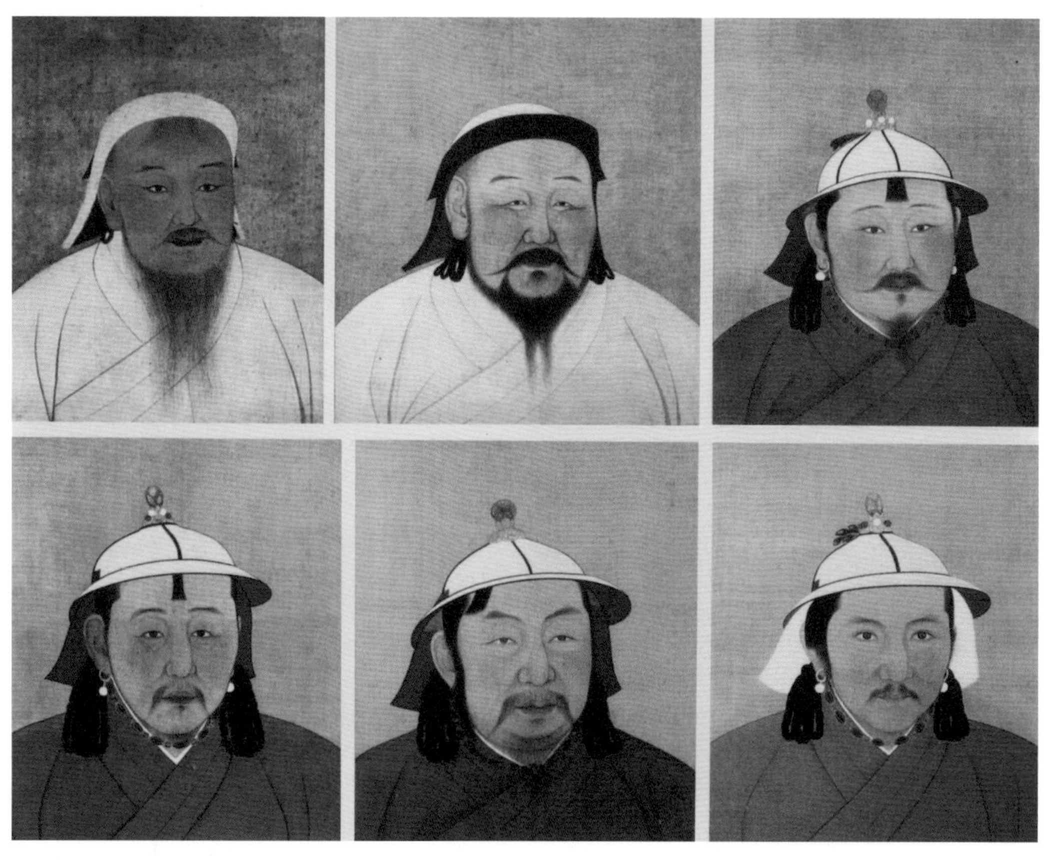

图3-3-9　元代帝王图

图3-3-10　笠帽实物（载于*Mongol Costumes*）

3 后檐帽：为毛皮或毡制，样式如图 3-3-12 中士兵所戴，帝王和贵族的后檐帽上则有珠宝饰。

元代图像中，还可见到贵族所戴不同样式的笠帽及其他帽式（图 3-3-13）。

图3-3-11　迦陵频迦金帽顶（载于《黄金·丝绸·青花瓷——马可·波罗时代的时尚艺术》）

图3-3-12　宝宁寺水陆画中戴后檐帽的士兵

图3-3-13　蒙元时期贵族各种帽饰（载于*Mongol Costumes*）

百官质孙，冬之服凡九等，大红纳石失一，大红怯绵里一，大红冠素一，桃红、蓝、绿官素各一，紫、黄、鸦青各一。夏之服凡十有四等，素纳石失一，聚线宝里纳石失一，枣褐浑金间丝蛤珠一，大红官素带宝里一，大红明珠褡子一，桃红、蓝、绿、银褐各一，高丽鸦青云袖罗一，驼褐、茜红、白毛子各一，鸦青官素带宝里一。

【注释】

百官的质孙：冬季用有九等，夏季用有十四等，以面料和色彩区分。

图 3-3-14 反映了蒙古大汗举行典礼的情景，官员穿不同颜色的质孙服，外罩答忽，头戴笠帽或暖帽。

图 3-3-15 中的蒙古大汗和周围臣子都穿质孙服外加答忽，笠帽有顶饰和羽毛。

图3-3-14　伊朗史书插图（载于*Mongol Costumes*）

图3-3-15 大汗接见臣下的场面（载于*Mongol Costumes*）

第四节 百官公服

公服，制以罗，大袖，盘领，俱右衽。一品紫，大独科花，径五寸。二品小独科花，径三寸。三品散答花，径二寸，无枝叶。四品、五品小杂花，径一寸五分。六品、七品绯罗小杂花，径一寸。八品、九品绿罗，无文。

【注释】

元代在服装使用规定上作了简化，如以往使用祭服的场合，百官统一穿公服。至元八年（1271年）十一月，刘秉忠、王磐、徒单公履等人建议："元正、朝会、圣节、诏赦及百官宣敕，具公服迎拜行礼。"[①] 忽必烈采纳了此建议，下诏颁布了"文资官定例三等服色"。

仁宗延祐元年（1264年）冬，制定了服色等级，命中书省定立服色等第。首先，规定蒙古人和当怯薛诸色人等不在禁限内，但不允许使用龙凤纹，特别指定龙是指"五爪二角者"。其次，职官除不允许使用龙凤纹外，一品、二品穿浑金花；三品穿金褡子；四品、五品穿云袖，下摆带襕；六品、七品穿六花；八品、九品穿四花。"职事散官从一高"。关于腰带，"五品以下许用银，并减铁"。

① 宋濂等：《元史》，中华书局1976年版，第138页。

元代服饰等级实施原则与前代同，也是上得兼下，下不得僭上。违者，职官从现任解职，满一年后降职一等，一般人要遭鞭挞。若有人状告他人违禁，可得赏赐。相关部门禁治不严，送到监察御史、廉访司究治。御赐之物，不在禁限内。

袍为大袖、盘领、右衽，面料为罗。用颜色和纹样区别品级。独科花即独窠花，指团花纹样。公服样式如图 3-2-8 所示。

公服是蒙古官吏普遍穿着的服饰，与宋代款式类似，由幞头、袍、带和靴组成。明人著《草木子》记载元代官服："一品二品用犀玉带大团花紫罗袍，三品至五品用金带紫罗袍，六品七品用绯袍，八品九品用绿袍，皆以罗。流外受省劄，则用襢褐。其幞头皂靴，自上至下皆同也。"[①] 图 3-4-1 中左侧官员所穿即是公服。

元代图像中所见官员大多穿交领服。元代官员在公务时应该都是穿这种窄袖交领服。图 3-4-2 中的官员，戴瓦楞帽，穿交领服。

图3-4-1 《事林广记》插图

① 叶子奇：《草木子》，中华书局 1959 年版，第 61 页。

图3-4-2 《事林广记》插图

元代仁宗延祐元年（1264年）定服色品级时规定四品、五品的袍下摆带襕，其余品级则未提及。

襕指的是长袍或长衫下摆处加的一块面料。有襕的袍或衫称为襕袍或襕衫。按照《旧唐书·舆服志》所记，“晋公宇文护始命袍加下襕”，[①] 襕最早出现在北周时期。但是按照《文献通考》卷一一二所记，“中书令马周上议：‘《礼》无服衫之文，三代之制有深衣。请加襕、袖、褾，为士人上服。’”“太尉长孙无忌又议：‘服袍者下加襕，绯、紫绿皆视其品，庶人以白。’”[②] 以及宋代高承《事物纪原》记，“唐志曰：‘马周以三代布深衣，因于其下着襕及裾，名襕衫，以为上事之服。今举子所衣者，襕衫之始也。’”[③] 推测襕最早出现在唐初。

① 刘昫：《旧唐书》，中华书局1975年版，第1951页。
② 马端临：《文献通考》，中华书局1986年版，第1016页。
③ 高承：《事物纪原》，上海古籍出版社1990年版，第84页。

襕袍下的襕是可以拆卸的，称为襕板。宋李匡乂《资暇集》卷中有："唐礼，凡参辞并是公服。故松柏非远之家，每新改授皆见，所以示仕禄朱紫之荣，释褐结绶抑亦如之。其四时之享布素，暂去襕板即可矣。"①

襕袍或襕衫是官员和士人才可以穿的服装，不过按照《旧唐书·舆服志》记载，"武德来……臧获贱伍者皆服襕衫"②，唐初有庶人穿襕衫。襕的使用从唐代一直持续到清代，襕的色彩和纹样在各朝代不尽相同，使用品级也有不同。

元代官员袍式为右衽、窄袖，收腰，宽大下摆，腰间右侧用带束缚。图 3-4-3 所示的元代袍饰有胸背，即后世所称的补子。胸背纹样为妆金鹰兔纹，鹰兔之间饰有芦草和云纹。

图3-4-3　缠枝牡丹绫地妆金鹰兔胸背袍（载于《黄金·丝绸·青花瓷——马可·波罗时代的时尚艺术》）

① 李匡乂：《资暇集》，《笔记小说大观·三编》，台北新兴书局 1986 年版，第 1002 页。
② 刘昫：《旧唐书》，中华书局 1975 年版，第 1958 页。

元代还有很多小吏，属于无品级的，以及一些流外官员，一开始是没有公服的，至元九年（1272年），中书礼部提出都吏目俱系未入流品，遇到正式场合，没有合适服饰，建议用檀合罗窄衣衫，黑角束带，舒脚幞头。《元典章》记载至元九年，"近据濮州申：'本州如遇捧接诏赦，其提领案牍，合无制造公服？乞照详。'省部议得：诸路总管府并散府、上中下州所设提领按牍、都吏目，俱系未入流品人员，难拟制造公服。如遇行礼，权拟衣檀合罗窄衣衫，黑角束带，舒脚幞头。呈奉中书省劄付：'准呈，仍遍行合属，依上施行。'"①

至元十年（1273年），中书吏礼部河间路提出制定礼生公服。后定礼生所有公服为茶合罗窄衫，舒脚幞头，黑角束带。"河间路申：为定夺礼生公服事。本部议得：各路礼生，不须创设，拟合于见设司吏内，不妨委差一名勾当，外据合穿公服，比及通行定夺以来，权拟穿茶合罗窄衫，舒脚幞头，黑角束带，呈奉都堂钧旨：'准呈，送本部，行下照会施行。'"②

大德七年（1305年）十月，又定典史公服，中书省依江州路瑞昌县典史范昇照上书，各处典史也用檀合罗窄衫，乌角带，舒脚幞头。

次年八月，又定巡检公服，"流外之职"的巡检、院务仓库官的服装与前面各吏的公服一样。

延祐二年（1315年），规定"皂吏公使人惟许服紬绢"。

延祐五年（1318年）正月，又依据江浙行省上书，规定站官服色，各地驿站的官员公服也是檀合罗窄衣衫，黑角束带，舒脚幞头。

王世英墓出土陶俑所穿袍服与《元典章》所描述的公服一致，头戴幞头，身穿上敛下丰的短袍，腰间束带。上为偏带，下为鞓带。脚穿软靴，靴口有束带。无品级官吏无銙带，只有束带，即乌角带（图3-4-4）。

王世英墓出土的骑马俑所穿为元代小吏的公服，头戴钹笠，笠顶有红缨，穿辫线袍，腰间和袍下摆有密密细褶（图3-4-5）。

元代官吏像很多是戴笠帽，内穿一色衣，外穿荅忽的形象（图3-4-6）。《元志》所言的圆领公服很可能使用并不广泛，仅限于某些特定的场合。

---

① 陈高华等（校注）：《元典章》，中华书局2011版，第1031页。
② 陈高华等（校注）：《元典章》，中华书局2011版，第1031、1032页。

图3-4-4 王世英墓出土陶俑

图3-4-5 王世英墓出土陶俑

图3-4-6　元代官吏像（载于《中国织绣服饰全集》）

幞头，漆纱为之，展其角。

【注释】

幞头：漆纱制作，两脚用铁丝撑开，与宋代的展脚幞头样式一样（图3-4-7）。元代俞琰《席上腐谈》说宋代将幞头脚以铁线张之，以免官员在朝会时相互私语。官员穿戴公服、幞头形象如图3-4-8所示。

图3-4-7 山西繁峙岩山寺壁画

图3-4-8　展脚幞头和袍服

笏，制以牙，上圆下方。或以银杏木为之。

【注释】

笏：笏板自汉代就开始使用。汉时笏板的主要功能是用于记事备忘，另外还可以避免用手指直接在皇帝面前比划造成失礼。唐代官员上朝时需捧笏板（图3-4-9）。

笏的材料为象牙、玉石或竹木。各代沿用，笏板一律为上圆下方（图3-4-10）。元代的笏主要是礼仪功能。

图3-4-9　李重润墓壁画

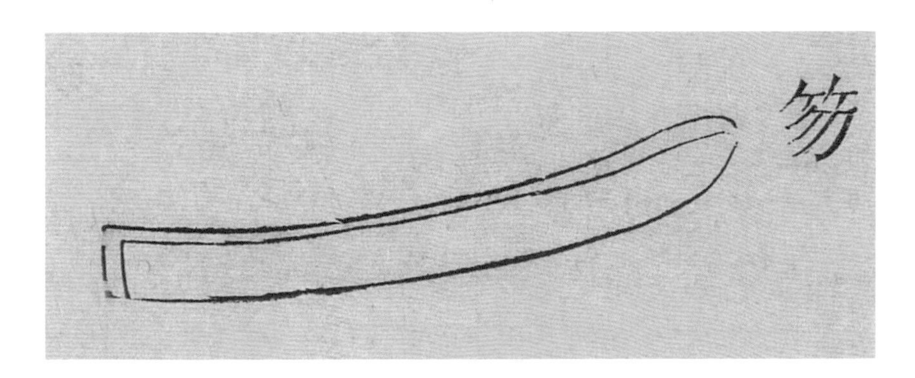

图3-4-10　展脚幞头和袍服

偏带，正从一品以玉，或花，或素。二品以花犀。三品、四品以黄金为荔枝。五品以下以乌犀。并八胯，鞓用朱革。

【注释】

偏带：元代腰带沿用宋代样式，并作了减损。宋代的带制区分特别详细，《宋史·舆服五》记："带。古惟用革，自曹魏而下，始有金、银、铜之饰。宋制尤详，有玉、有金、有银、有犀，其下铜、铁、角、石、墨玉之类，各有等差。玉带不许施于公服。犀非品官、通犀非特旨皆禁。铜、铁、角、石、墨玉之类，民庶及郡县吏、伎术等人，皆得服之。"[①]

宋代通过带銙的质地纹样区分低级。带銙是带上的饰品，唐代即以此区分官员等级。"至唐高祖，以赭黄袍、巾带为常服。腰带者，搢垂头以下，名曰鉈尾，取顺下之义。一品、二品銙以金，六品以上以犀，九品以上以银，庶人以铁。"[②]

带的基本样式如图3-4-11所示。带首有带钩，铊尾垂下，带銙牌饰质料主要为玉、金、银、铜、铁、犀、角、石等。带銙数量和材质是区分官级的标志之一。另一类是织成带，用绫、罗、绸等织物制成。

元代的偏带上的銙按品级使用不同材质，分别为玉、花犀、黄金、乌犀。带体用红色皮革。图3-4-12中的官员所用偏带上可见带銙。

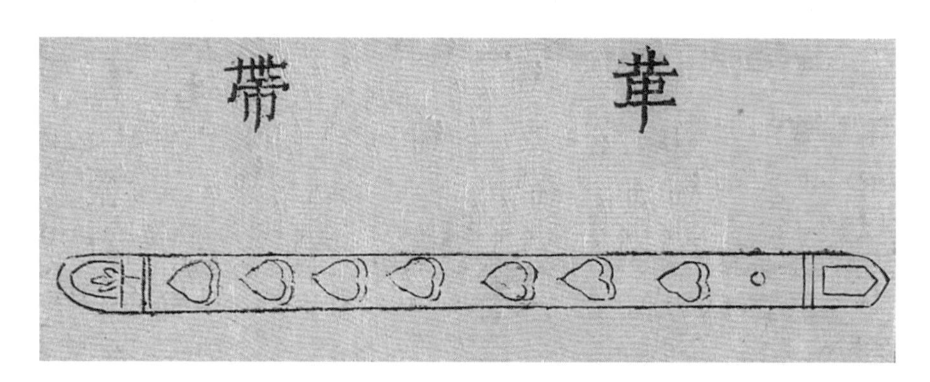

图3-4-11《三才图会》中的革带

《元志》所记的八胯，疑当写作八銙。

元代出土的带头也可见多种样式及精美雕刻（图3-4-13，图3-4-14）。

① 脱脱等：《宋史》，中华书局1977年版，第3564页。
② 欧阳修：《新唐书》，中华书局1975年版，第527页。

图3-4-12 元代穿公服系腰带官吏像

图3-4-13　安庆棋盘山出土的鎏金铜带头

图3-4-14　苏州虎丘出土的金带头

靴，以皂皮为之。

【注释】

靴：官员公服所穿的靴，以黑色皮革制作。元代出土的靴子实物上多见贴花装饰（图3-4-15，图3-4-16）。

图3-4-15 贴绣皮靴（载于《黄金·丝绸·青花瓷——马可·波罗时代的时尚艺术》）

图3-4-16 皮靴（载于《黄金·丝绸·青花瓷——马可·波罗时代的时尚艺术》）

第五节 仪卫服色

《元史·舆服志》记载了三十三种仪卫服饰。成吉思汗亲自建立了一支主要由贵族、大将等功勋子弟构成的禁卫军，大约有一万人，主要作为皇家的侍卫，称为怯薛歹。怯薛歹也译作“宿卫”。《马可·波罗行纪》记载了元代怯薛歹服饰的盛况：“应知大汗待遇其一万二千委质之臣名曰怯薛歹者，情形特别，诚如前述。缘其颁赐此一万二千男爵袍服各十三次，每次袍色各异，此一万二千袭同一颜色，彼一万二千袭又为别一颜色，由是共为十三色。此种袍服上缀宝石珍珠及其他贵重物品，每年并以金带与袍服共赐此一万二千男爵。金带甚丽，价值亦巨，每年亦赐十三次，并附以名曰不里阿耳（bolghari）之驼皮靴一双。靴上绣以银丝，颇为工巧。”①

交角幞头，其制，巾后交折其角。

【注释】

交角幞头：宋、辽、元时期普遍使用的一种幞头，幞头主体为漆纱，后面拖两脚在脑后交叉，尾端向上（图3-5-1，图3-5-2）。

① 冯承钧译：《马可·波罗行纪》，上海书店出版社2001年版，第226页。

图3-5-1　《三才图会》中的交脚幞头

图3-5-2　河北宣化张世卿墓壁画

凤翅幞头，制如唐巾，两角上曲，而作云头，两旁覆以两金凤翅。

【注释】

凤翅幞头：后面两脚上扬，如宋代的朝天幞头，在两鬓位置装饰有凤翅造型，其形如图 3-5-3 所示。

图3-5-3　凤翅幞头

学士帽，制如唐巾，两角如匙头下垂。

【注释】

学士帽：如图 3-5-4 所示，其形与唐代幞头相似，幞头后的两个脚垂下。

图3-5-4 山西洪洞水神庙水陆画局部

唐巾，制如幞头，而撱其角，两角上曲作云头。

【注释】

唐巾：与图 3-5-4 近似，只后面两脚上翘作云头形状，如图 3-2-11 所示。

> 控鹤幞头，制如交角，金镂其额。

【注释】

控鹤幞头：与图 3-5-1 相似，在额头处有金色纹样。

> 花角幞头，制如控鹤幞头，两角及额上，簇象生杂花。

【注释】

花角幞头：与图 3-5-1 相似，但在额头和两鬓位置装饰有花饰品。

以上所言的交角幞头、控鹤幞头、花角幞头基本造型相同，只是上面所附的装饰不一样。

> 平巾帻，黑漆革为之，形如进贤冠之笼巾，或以青，或以白。

【注释】

平巾帻：在唐代是武官和卫官之服，《唐六典》卷四："平巾帻之服，武官及卫官寻常公事则服之。冠及褶依本品色，并大口袴，起梁带，乌皮靴。若武官陪位大仗，加螣蛇裲裆。"（图 3-5-5）

《文献通考》记载宋初的一些服饰已经形制不甚确切："国初，令礼官检讨模画袴褶衣冠形像，且云武弁、平巾帻，即是一物两名，乃于笼巾中别画一帻。中书门下奏议，据令文，明武弁非袴褶之冠，合是具服，有剑、履、佩、绶，又非骑马之服，乃请导驾官止用平巾帻，袴、褶、靴、笏如平巾帻，制度未详，且以今朝服冠代之，当戴笼巾者，亦不带导驾官袴褶色。"平巾帻形制失传，宋代另外造了平巾帻。至于元代的平巾帻，除了名称相同之外，形制和前朝毫无关系。唐以前的平巾帻状如小冠，元代的平巾帻则如笼巾（图 3-5-6）。

图3-5-5　李寿墓壁画中的平巾帻

图3-5-6　元代平巾帻

武弁，制以皮，加漆。

【注释】

武弁：《三礼图》释"武弁大冕""武冠，《后汉志》云：'一曰武弁大冠，武官冠之，其制古缁布之象也，侍中、中常侍加黄金珰，附蝉为文，貂尾为饰。'胡广曰：'赵武灵王效胡服，以金珰饰首，前插貂尾为贵职。秦灭赵，以其冠赐近臣，以金蝉貂尾饰者。'"如图 3-5-7 所示，武弁外加笼冠，上饰蝉和貂尾，就是武弁大冕。元时所用武弁，当是如图 3-5-8 所示的样式，皮制，用漆涂饰。

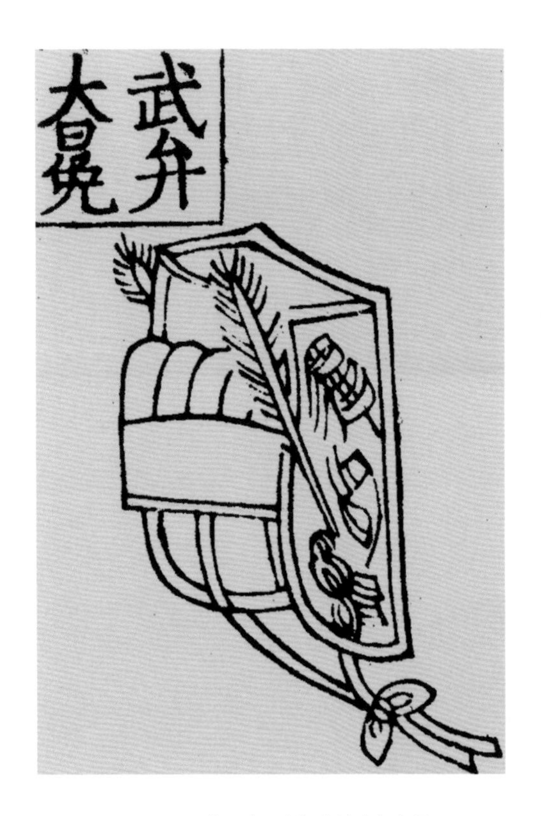

图3-5-7　《三才图会》中的武弁大冕

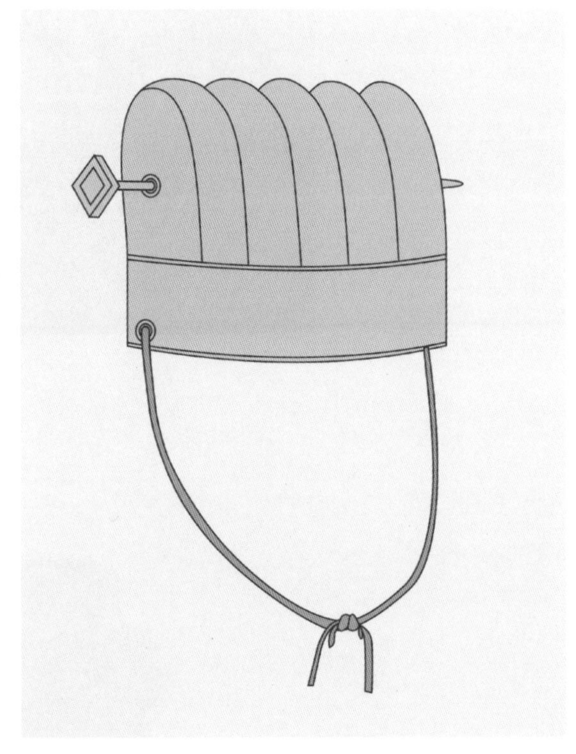

图3-5-8　武弁

甲骑冠，制以皮，加黑漆，雌黄为缘。

【注释】

甲骑冠：武将戴的冠。《全相平话五种》中的很多武将戴这种冠，皮制，顶有缨（图3-5-9）。

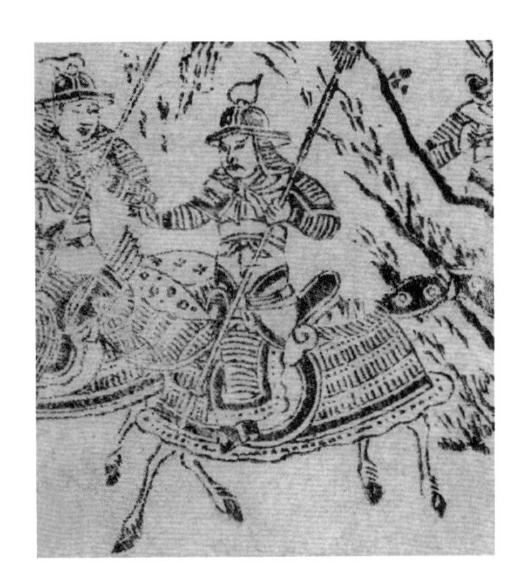

图3-5-9 《全相平话五种》插图（元至治刻本）

抹额，制以绯罗，绣宝花。

【注释】

抹额：缠于额头的一块条形面料，上面绣有宝花纹样。这里所说的宝花，疑为宝相花。宝相花是一种传统装饰纹样，即根据某些自然花朵（主要是荷花）的形态画出的装饰化花朵纹样。宝相花有很多变形，不同时期呈现不同风格（图3-5-10～图3-5-12）。

图3-5-10 唐代瓷盘上的宝相花纹

图3-5-11 元代瓷盘上的宝相花纹

图3-5-12 明代瓷盘上的宝相花纹

巾，制以绝，五色，画宝相花。

【注释】

巾：绝是一种粗绸。图 3-5-13 中第一行左边两个人缠着巾。

图3-5-13 《全相平话五种》插图（元至治刻本，载于《中国古代服饰研究》）

兜鍪，制以皮，金涂五色，各随其甲。

【注释】

兜鍪：即皮质的头盔，如图 3-5-14 中武士所戴。

图3-5-14 《全相平话五种》插图（元至治刻本）

衬甲，制如云肩，青锦质，缘以白锦，衷以毦，里以白绢。

【注释】

衬甲：以毡为芯，包青锦，用白锦缘边，白绢做里。所谓制如云肩，可能指它也是披挂在肩膀上的。

云肩，制如四垂云，青缘，黄罗五色，嵌金为之。

【注释】

云肩：是置于肩部的云形装饰，《金史·舆服志》中已有记载。元代所称云肩，可能有两种样式。一种指云肩纹样，如图 3-5-15 ~图 3-5-17 所示，在衣服肩部织绣有云肩样的纹样。另一种是指披挂在肩膀上的云形装饰，如图 3-5-18 所示，蔡文姬两肩各披挂一个单独的云肩。

图3-5-15 敦煌三三二窟壁画中的元代供养人

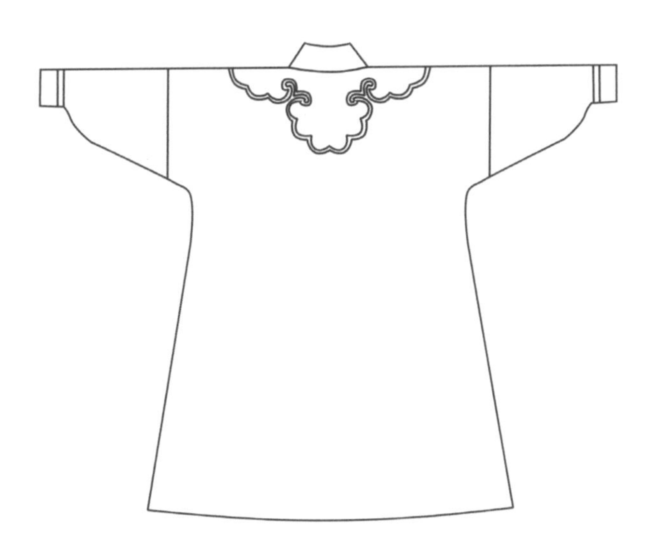

图3-5-16 云肩盘龙大袍结构图（载于《蒙元龙袍的类型及地位》）

图3-5-17 敦煌三三二窟元代供养人（载于《中国古代服饰研究》）

图3-5-18　张瑀绘《文姬归汉图》局部

裲裆，制如衫。

【注释】

裲裆：《新唐书·车服志》载，“裲裆之制：一当胸，一当背，短袖覆膊。”[1] 图 3-5-19 所示重庆巫山出土的元代壁画中的人物穿裲裆，前后各有一块面料遮挡。但据《元志》所述其制如衫，元代仪卫的裲裆很可能是一种短袖衣服。

图3-5-19 重庆巫山出土的元代壁画中穿裲裆的人物

① 欧阳修：《新唐书》，中华书局 1975 年版，第 521 页。

衬袍，制用绯锦，武士所以裼裲裆。

【注释】

衬袍：如图 3-5-19 所示裲裆内的袍服。武士将衬袍穿于裲裆内，用绯锦制成。

士卒袍，制以绢绝，绘宝相花。

【注释】

士卒袍：上面绘有宝相花的绢袍，其外形应与图 3-5-20 中宝相花裙袄类似。

图3-5-20 《三才图会》中的宝相花裙袄

窄袖袍，制以罗或绝。

【注释】

窄袖袍：一般侍卫所穿的常服，其外形如图 3-5-21 所示。

图3-5-21　靳德茂墓出土的驭马俑

辫线袄，制如窄袖衫，腰作辫线细折。

【注释】

辫线袄：腰部有细褶的窄袖袍，如图 3-5-22 和图 3-5-23 所示。《觚不觚录》记载辫线袄："袴褶戎服也，其短袖或无袖，而衣中断，其下有横褶，而下腹竖褶之。若袖长则为曳撒，腰中间断以一线道横之，则谓之程子衣。无线导者，则谓之道袍，又曰直掇。此三者，燕居之所常用也。迩年以来，忽谓程子衣道袍，皆过简，而士大夫晏会，必以曳撒，是以戎服为盛，而雅服为轻，吾未之从也。"①

《事林广记》步射总法和马射总法插图中的射者戴四方帽，穿辫线袄，络缝靴（图 3-5-24）。宝宁寺水陆画中的士兵穿辫线袄，戴后檐帽（图 3-5-25）。

图3-5-22 辫线袄（载于《黄金·丝绸·青花瓷——马可·波罗时代的时尚艺术》）

① 《笔记小说大观·五编》，新兴书局有限公司（台湾）1975 年版，第 2108 页。

图3-5-23 内蒙古达茂旗明水出土织金锦辫线袄款式图

图3-5-24 元刻《事林广记》步射总法和马射总法插图

图3-5-25　宝宁寺水陆画中的士兵形象

控鹤袄，制以青绯二色锦，圆答宝相花。

【注释】

控鹤袄：样式如图 3-5-26 中的窄袖袄，用青和绯两种颜色的锦制作，上面有团窠状宝相花纹样。

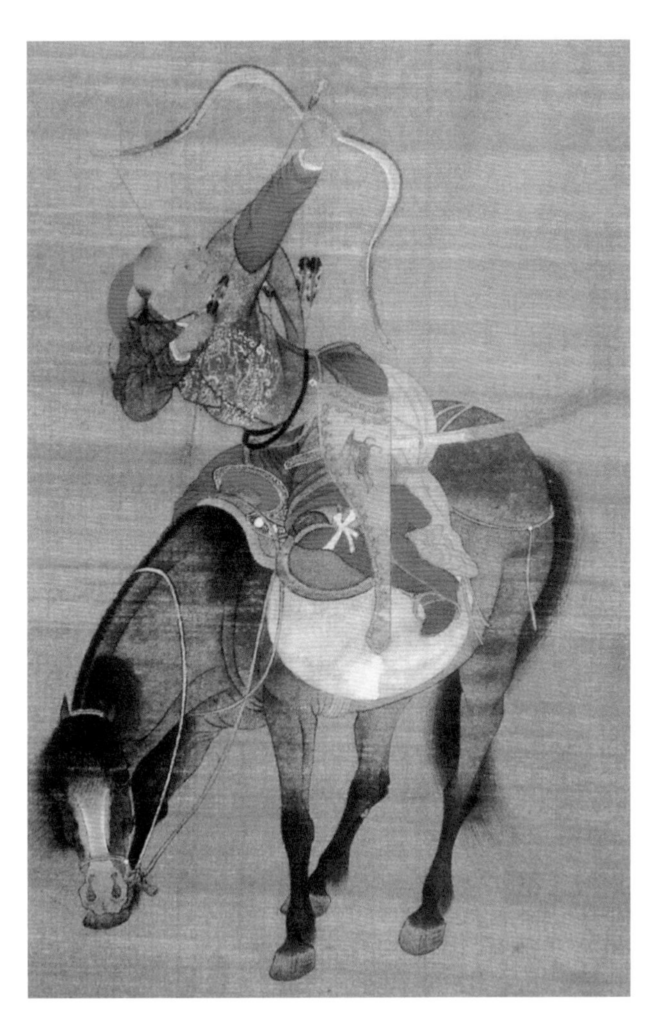

图3-5-26 《元世祖狩猎图》中的射手

《元世祖狩猎图》中的射手所穿窄袖袄，是元代侍卫常穿的袍服。袍服在肩膀部位开口，有两个作用：其一，草原和沙漠在夏天早晚温差大，中午温暖时可以将手臂露出；其二，便于活动，在需要张弓时，可以将手臂从肩膀开口处伸出。

窄袖袄，长行舆士所服，绀緅色。

【注释】

窄袖袄：窄袖袄的形制类似于窄袖衫，较窄，夹层内缝有棉花，保暖性好，是走远道的抬舆侍卫所穿之物，颜色为暗红（图3-5-27）。

图3-5-27　窄袖袄

乐工袄，制以绯锦，明珠琵琶窄袖，辫线细折。

【注释】

乐工袄：元明时期的插图中所绘舞者和乐工形象都是幞头和圆领袍，如图 3-5-28 和图 3-5-29 所示。《元志》所记的乐工袄是辫线袄，袖子在腋下部分宽松，袖口收窄，红色锦制作，如图 3-5-30 所示。

图3-5-28 《三才图会》中的舞者

图3-5-29　元至治刻本《全相平话五种》插图中的乐工

图3-5-30　《三才图会》中的辫线袄

甲，覆膊、掩心、扞背、扞股，制以皮，或为虎文、狮子文，或施金铠锁子文。

【注释】

皮甲使用的历史非常久远。20 世纪五六十年代湖南等地东周墓发现有皮甲。后来在湖北随州战国曾侯乙墓发掘出多套髹漆皮甲胄，皮甲用丝带编联。[①]《周礼·考工记》有："函人为甲。犀甲七属，兕甲六属，合甲五属。犀甲寿百年，兕甲寿二百年，合甲寿三百年。"[②]函人指制作甲的人。《考工记》记有犀牛皮和兕皮制作的甲，兕是一种类似水牛（也有说似犀牛）的异兽。皮甲属于有机物，埋入地下易分解，出土的古代皮甲非常罕见，今天能见到的元代铠甲也多为金属甲，《元志》所记皮甲的款式参考图 3-5-31 所示的铜质甲。

宋元时期的铠甲技术已经非常发达，按照《梦溪笔谈》所述，当时的冷锻甲胄在五十步外，强弩不能将其射穿。将士穿戴的全副甲胄达到二十五千克（图 3-5-32）。

图3-5-31 元代錾花铜铠甲

① 杨泓：《中国古代甲胄续论》，《故宫博物院院刊》2001 年第 6 期，第 12 页。
② 张道一：《考工记注译》，陕西人民美术出版社 2004 年版，第 202 页。

图3-5-32 宝宁寺水陆画中的武将

臂鞲，制以锦，绿绢为里，有双带。

【注释】

臂鞲：疑似如图 3-5-33 中人物肩部的披挂物，在胸口系结。

图3-5-33 靳德茂墓出土的驭马俑

锦縢蛇，束麻长一丈一尺，裹以红锦。

【注释】

锦縢蛇：《新唐书·车服志》"縢蛇之制：以锦为表，长八尺，中实以绵，象蛇形。"

用麻制作，外裹红锦的腰带，系于腰间。縢蛇有时系在内，外边穿衣后再加束带。疑似如图3-5-34和图3-5-35中捆扎于腰间之物。

图3-5-34　靳德茂墓出土的持伞椅俑

图3-5-35　靳德茂墓出土的持物俑

束带，红鞓双獭尾，黄金涂铜胯，余同腰带而狭小。

【注释】

束带：一般是皮革制作，鞓为红色，带銙为铜质涂金，如图 3-5-36 所示。

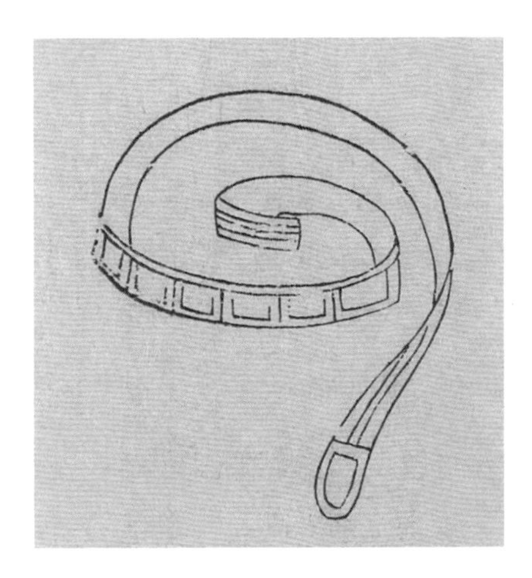

图3-5-36　《三才图会》中的束带

绦环，制以铜，黄金涂之。

【注释】

绦环：为腰间饰品，圆形铜件，上系绦。绦之造型如图 3-5-37 所示。

图3-5-37　《三才图会》中的绦

汗胯，制以青锦，缘以银褐锦，或绣扑兽，间以云气。

【注释】

汗胯：疑应写作汗袴，即裤。仪卫所穿汗袴用青锦制作，用银褐锦滚边。也有的在汗袴上绣扑斗状猛兽和云纹。汗袴形如图 3-5-38 所示的骑卫所穿。

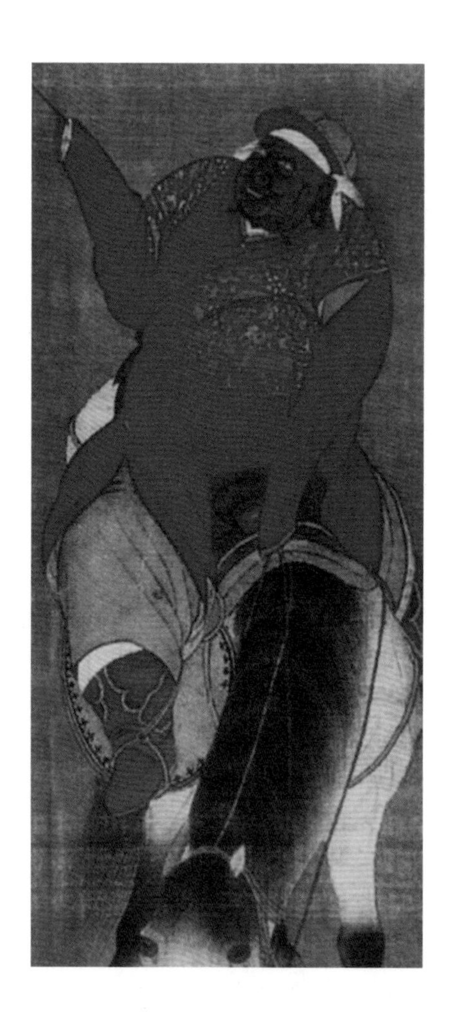

图3-5-38 《元世祖狩猎图》中的骑卫

行縢，以绢为之。

【注释】

行縢：束小腿的长绢。

鞋，制以麻。

【注释】

鞋：元代麻鞋样式如图 3-5-39 所示。

图3-5-39　元代麻鞋（载于《中国织绣服饰全集》）

鞥鞋，制以皮为履，而长其靿，缚于行縢之内。

【注释】

鞥鞋：元代鞥鞋是长靿皮靴，靴帮很高，靴帮外裹缠行縢，外形如图 3-5-40 所示。

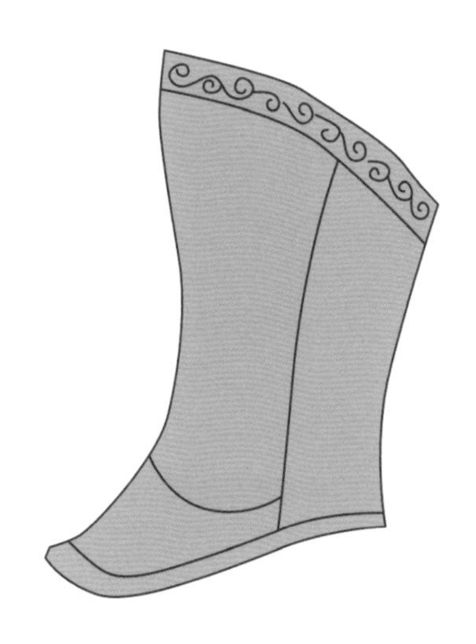

图3-5-40　《三才图会》中的靴

云头靴，制以皮，帮嵌云朵，头作云象，鞾束于胫。

【注释】

云头靴：形如图 3-5-41 所示的射手所穿长鞠靴，靴帮与靴头作云头纹。

宝宁寺水陆画中的将军也穿云头靴，但绘制趋于程式化，实际的云头靴没有这么复杂（图 3-5-42）。

图3-5-41 《元世祖狩猎图》中的持鹰猎手

图3-5-42 宝宁寺水陆画中的将军像

第六节 命妇衣服

命妇衣服，一品至三品服浑金，四品、五品服金褡子，六品以下惟服销金，并金纱褡子。首饰，一品至三品许用金珠宝玉，四品、五品用金玉珍珠，六品以下用金，惟耳环用珠玉。同籍不限亲疏，期亲虽别籍，并出嫁同。

【注释】

《元志》没有提及命妇服饰的款式，蒙古妇女在盛装时都是穿大袍，戴姑姑冠，款式差别不大，其妆扮如图 3-6-1 所示的女主人（中右），不同身份品级使用的面料和纹样有区别。首饰也以材质区别级别。

浑金指由纯金丝织造的面料，如纳石失金锦。金褡子指有金色散点纹样的织金面料，褡子指小块面的纹样。金褡子也是织金面料，但用金少于浑金。销金指用织金或印金的方式表现的面料。金纱褡子指金色纱质的散点纹样面料。图 3-6-2 ~图 3-6-4 所示都属于这种金色散点纹样面料。

图3-6-1　陕西蒲城洞耳村元墓壁画（临本）

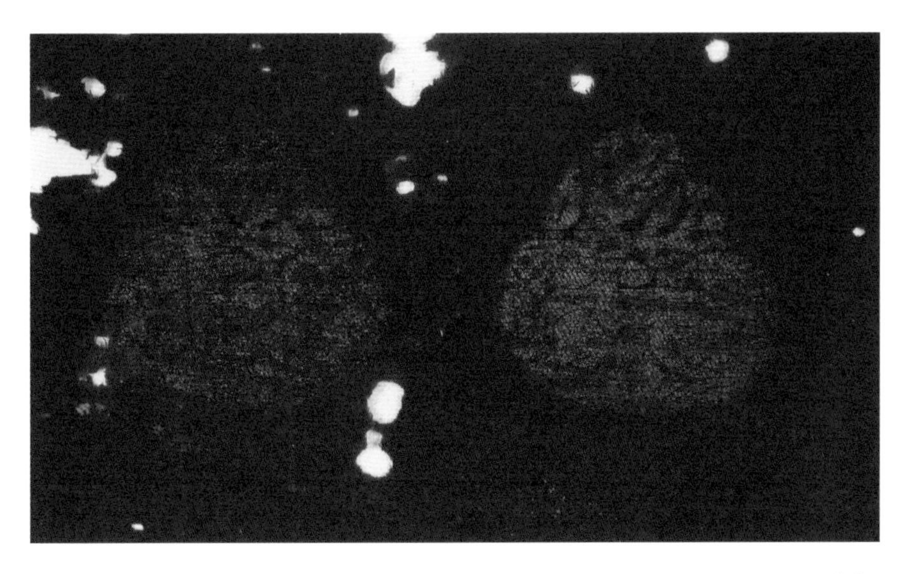

图3-6-2　紫地卧鹿纹妆金绢（载于《黄金·丝绸·青花瓷——马可·波罗时代的时尚艺术》）

图3-6-3　团花纹绫（载于《黄金·丝绸·青花瓷——马可·波罗时代的时尚艺术》）

图3-6-4　印金方格花纹罗（载于《黄金·丝绸·青花瓷——马可·波罗时代的时尚艺术》）

第七节 庶人服色

庶人除不得服赭黄[1]，惟许服暗花苎丝绸绫罗毛毳[2]，帽笠不许饰用金玉，靴不得裁制花样。首饰许用翠花，并金钗錍[3]各一事，惟耳环用金珠碧甸，余并用银。酒器许用银壶瓶台盏盂镟，余并禁止。帐幕用纱绢，不得赭黄。车舆黑油，齐头平顶皂幔。

【注释】

1 赭黄：疆域辽阔、民族众多的元代，一般百姓的服装样式是多彩多样的，元代政府对各族服饰传统并未太多干预，而是各随其俗。《元史·舆服志》记载庶民服饰只提到色彩、面料、材质、花色等方面的限制，并未提及款式问题。

关于服色等级限制，从隋唐开始就非常严格，红、紫等色是不允许民间使用的。所谓赭黄是一种偏橙色的黄，或称赤黄色。

元代民间大多着深暗色服装，染工因此发明了数十种深暗色的织染方法。元代的褐色品种很多，从陶宗仪列出画像用的褐色，可以推测服饰所用褐色名目不会太少，“砖褐，用粉入烟合。荆褐，用粉入槐花、螺青、土黄标合。艾褐，用粉入槐花、螺青、土黄、檀子合。鹰背褐，用粉入檀子、烟墨、土黄合。银褐，用粉入藤黄合。 珠子褐，用粉入藤黄、燕支合。藕丝褐，用粉入螺青、燕支合。露褐，用粉入少土黄、檀子合。茶褐，用土黄为主，入漆绿、烟墨、槐花合。麝香褐，用土黄、檀子入烟墨合。檀褐，用土黄入紫花合。山谷褐，用粉入土黄标合。枯竹褐，用粉、土黄入檀子一点合。湖水褐，用粉入三绿合。葱白褐，用粉入三绿标合。棠梨褐，用粉入土黄、银朱合。秋茶褐，用土黄入三绿、槐花合。"①

2 暗花苎丝绸绫罗毛毳：苎丝绸绫等是不同面料，应用标点分开，当为"惟许服暗花苎丝、绸、绫、罗、毛毳"。一般庶人只准用暗花苎丝、丝绸、绫、罗、毛织物制作服装，不得用赭黄色，不许使用各种鲜艳色彩。

3 钗錍：钗錍就是钗簪。錍古同"鈚"，指箭头。一头尖的细长物件称为錍，这里指簪。张国宾所作杂剧《薛仁贵荣归故里》第三折："可不的失掉了鑞钗錍，歪斜着油鬏髻。"元人所撰《居家必用事类全集》也记有玉钗錍，应就是玉钗簪。

元代北方庶民一般穿着如图 3-7-1 所示，穿长袍，袍色为暗色，头戴笠帽。

图 3-7-1 陕西户县贺氏墓出土的牵马俑

① 陶宗仪：《南村辍耕录》，中华书局 1959 年版，第 133 页。

娼家出入，止服皂褙子，不得乘坐车马，余依旧例。

【注释】

娼家出入：《大元通制条格》载，“至元八年正月，中书省照得：娼妓之家多与官员士庶同着衣服，不分贵贱。拟将娼妓各分等第，穿皂衫子，戴角冠儿，娼妓之家长亲属裹青头巾，妇女紫抹子，俱要各各常用穿戴。仍不得戴笠子，穿金衣服，骑坐马疋，诸人捉拿到官，将马给付告人充赏。”

元代所称娼家实指娼人和伎人，包含演戏的。倡优演戏时的服色和款式则不受禁限（图 3-7-2）。《元志》记娼妓只可以穿褙子出入。褙子是宋元时期最流行的服饰之一，多穿于衫或袍的外边。

图3-7-2　山西洪洞水神庙壁画

元代的陶宗仪在《南村辍耕录》中写道："国朝妇人礼服，鞑靼曰袍，汉人曰团衫，南人曰大衣。无贵贱皆如之，服章但有金素之别耳，惟处女子则不得衣焉。"[①] 北方的团衫和南方的大衣，都是长衣，是成年妇女穿的服装。通常还会在团衫外加一件半袖上衣，即褙子。元代墓室壁画中有很多女性着装有褙子。山西兴县红峪村元墓壁画中，女主人梳包髻，身着长袍和褙子（图 3-7-3）。

章丘元代墓壁画所绘主妇和侍女，都穿长袍外加褙子（图 3-7-4），说明贵贱皆服褙子。

内蒙古赤峰元宝山元墓壁画上对坐的地主夫妇中，女子内穿团衫，外穿褙子，头梳高髻（图 3-7-5）。1976 年 11 月在内蒙古元代集宁路遗址中出土的一件双层褙子，衣式采用对襟直领，前襟长六十厘米，后背长六十二厘米，腰宽五十三厘米，下摆宽五十四厘米，袖长四十三厘米；面料用罗，衬里用绢，面料上绣满了花鸟图案。

登封王上墓壁画中，左边端盘子的侍女穿直裾长袍，两侧下摆开衩，和宋代的长褙子款式相同；中间侍女穿右衽团衫，外罩直裾短褙子，手持长柄团扇；右侧侍女穿左衽团衫，外罩短褙子（图 3-7-6）。

图3-7-3 山西兴县红峪村元墓壁画（临本）

---

① 陶宗仪：《南村辍耕录》，中华书局 1959 年版，第 140 页。

图3-7-4　章丘元代墓壁画（临本）

图3-7-5　内蒙古赤峰元宝山元墓壁画（临本）

图3-7-6 元代登封王上墓壁画侍女（临本）

第八节 车舆

《元史·舆服志》所记的车舆只有五辂、象轿和腰舆，是历代《舆服志》中最为省略的。

玉辂[1]。青质，金装，青绿藻井，栲栳轮盖[2]。外施金装雕木云龙，内盘碾玉福海圆龙一，顶上匝以金涂鍮石耀叶[3]八十一。上围九者二，中围九者三，下围九者四。顶轮衣[4]三重，上二重青绣云龙瑞草，下一重无文。轮衣内黄屋一，黄素苎丝沥水，下周垂朱丝结网，青苎丝绣小带四十八，带头缀金涂小铜铃，青苎丝绣络带二。顶轮平素面夹用青苎丝。盖四周垂流苏八，饰以五色茸线结网五重，金涂铜钹五，金涂木珠二十有五。又系玉杂佩八，珩璜冲瑀全，金涂鍮石钩挂十六，黄茸贯顶天心直下十字绳二，各长三丈。盖下立朱漆柱四。柱下直平盘，虚柜，中棂三十，下外桄[5]二。漆绘犀、象、鸚鹉、锦雉、孔雀，隔窠嵌装花板。柜周朱漆勾阑，云拱地霞叶百七十有九，下垂牙护泥虚板，并朱漆画瑞草。勾阑上玉行龙十，碾玉蹲龙十，孔雀羽台九，水精面火珠七，金圈焰铜照八。舆下周垂朱丝结网，饰以金涂鍮石铎三百，彩画鍮石梅萼嵌网眼中。舆之长辕三，界辕勾心各三，上下龙头六。前辕引手玉螭头三，并系以蹲龙。后辕方罨头三，桄头十六，耸以蹲龙三。辕头衡一，两端玉龙头二，上列金涂铜凤十二，含以金涂铜铃。舆之轴一，轮二。轴之挙罗二，明辖蹲龙耸，并青漆。轮之辐各二十四，毂首压贴金涂铜毂叶八十一，金涂鍮石擎耳恋攀四。柜之前，朱漆金装云龙辂牌一，牌字以玉装缀。辂之箱，四壁雕镂漆画填心隔窠龟文华板。上层左画青龙，右画白虎，前画朱雀，后画玄武。辂之前额，玉行龙二，奉一水精珠，后额如之。

前两柱青茸铃索五，贴金鸾和大响铜铃十，金涂鍮石双鱼五。下朱漆轼柜一，柜上金香球、金香宝、金香合、银灰盘各一，并黄丝绶带。辂之后，朱漆后轊[6]一，金涂曲戌，黄苎丝销金云龙门帘一，绯苎丝绣云龙带二。辂之中，金涂鍮石铰碾玉龙椅一，靠背上金涂圈焰玉明珠一。右建太常旗，十有二斿，青罗绣日、月、五星、升龙。右建阘戟一，九斿[7]，青罗绣云龙。中央黄罗绣青黑黼文两旗，绸杠，并青罗，旗首金涂鍮石龙头二，金涂铜铃二，金涂鍮石钹青缨緌十二重，金涂木珠流苏十二重。龙椅上，方坐一，绿褥一，皆锦。销金黄罗夹帕一，方舆地褥二，勾阑内褥八，皆用杂锦绮。青漆金涂鍮石铰叶踏道一，小褥五重。青漆雕木涂金龙头行马一，小青漆梯一，青漆柄金涂长托叉二，短托叉二，金涂首青漆推竿一，青茸引辂索二，各长六丈余，金涂铜环二，黄茸绥一。辂马、诞马[8]，并青色。鞍辔鞦勒缨拂鞝，并青韦，金饰。诞马青织金苎丝屉四副。青罗销金绢里笼鞍六。盖辂黄绢大蒙帕一，黄油绢帕一。驾士平巾[9]大袖，并青绘苎丝为之。

【注释】

1 玉辂：北齐《颜氏家训·书证》载，"良马，天子以驾玉辂。"①《三礼图》记玉辂："巾车掌王之五辂，玉、金、象、革四辂其饰虽异，其制则同，今特图玉辂之一，兼太常之旂，以备祭祀所乘，其余车式皆具《考工记》别录于下，则轮轵之崇；轊輢之状；辐内辐外之制；穿小穿大之殊；盖之所居；鉈之所在。若诚心观之则诸辂可知矣。"②明代《万历野获编》："今玉辇大辂以象负之……武宗以正德十四年亲征宸濠，曾乘革辂，最合古礼。玉辂则耕籍田用之，其他辂不知先朝亦曾御否。"③

元代天子所用的五辂只制造了一种，其余四辂并未造出来。《元史·舆服志》记录了其他四辂的样式。所有五辂的基本构造是一样的，区别主要体现在色彩、材质、纹样及装饰物。玉辂色彩为青色加金色装饰，金辂为红色加金色装饰，象辂为黄色加金色装饰，革辂为白色加金色装饰，木辂为黑色加加金色装饰。所有辂车的顶部都装八十一片金涂鍮石耀叶（图 3-8-7）。

① 颜之推：《颜氏家训》，中华书局 2007 年版，第 237 页。
② 聂崇义：《三礼图》卷九，宋淳熙二年刻本。
③ 沈德符：《万历野获编》，中华书局 1959 年版，第 28、29 页。

《明史·舆服志》记："元制，郊祀则驾玉辂，服衮冕。"元代天子郊祀时乘玉辂，穿衮冕服。

历代图像中所见的玉辂在形式上有些差别。一般的辂车在车顶没有鍮石耀叶，如《洛神赋图》中的辂车（图3-8-1）和《三礼图》中的大辂（图3-8-2）。《三礼图》中的玉辂也较为简略，只以伞盖作顶（图3-8-3）。《元志》所记玉辂，最接近宋人绘《洛神赋图》中的玉辂（图3-8-4）和《三才图会》中的玉辂（图3-8-5）。朱檀墓出土的玉辂也较为简陋，和文字记载不太相符（图3-8-6）。元代玉辂形制复原见图3-8-7。

图3-8-1　传顾恺之绘《洛神赋图》中的辂车

图3-8-2 《三礼图》中的大辂

图3-8-3 《三礼图》中的玉辂

图3-8-4　宋人绘《洛神赋图》中的玉辂

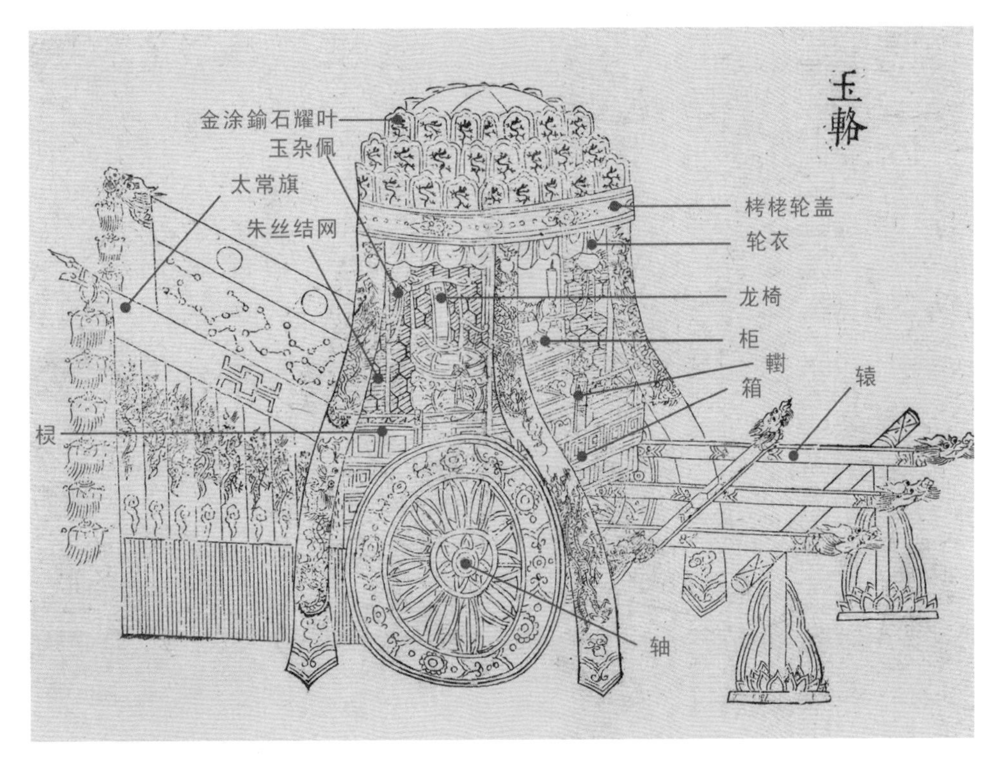

图3-8-5　《三才图会》中的玉辂

图3-8-6　朱檀墓出土的玉辂模型

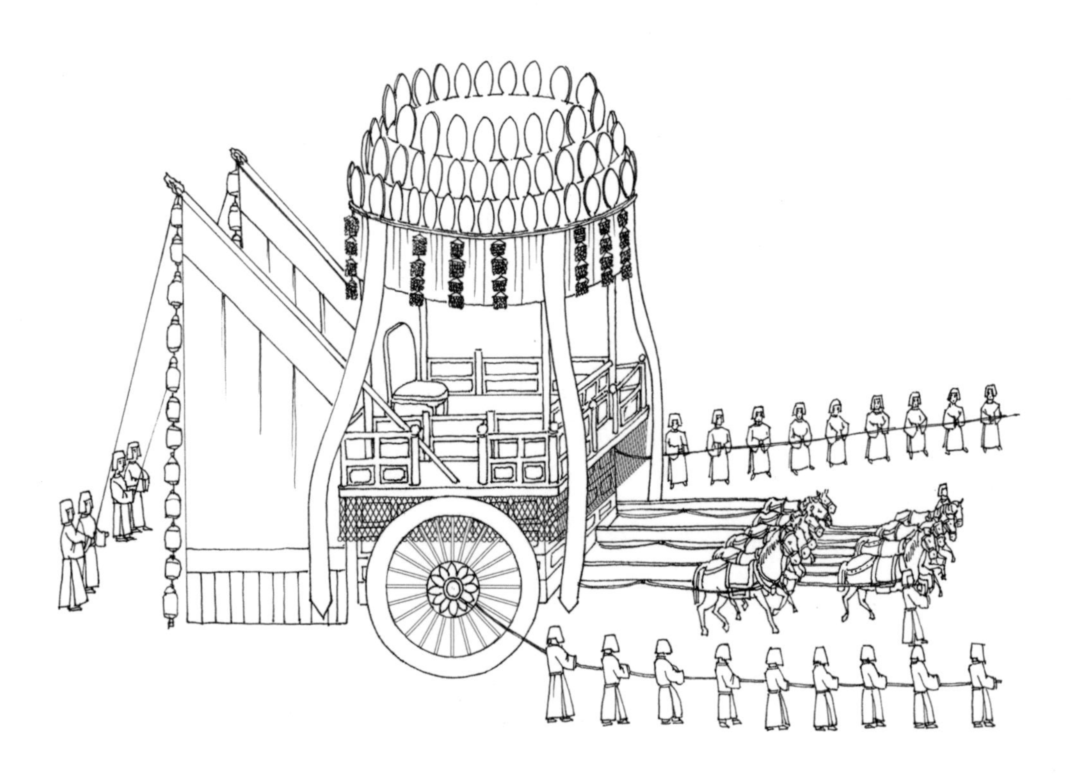

图3-8-7　元代玉辂复原图

2 栲栳轮盖：辂车上的圆形顶盖（图3–8–5）。

3 鍮石耀叶：鍮石为黄铜或铜矿石。玉辂圆形顶盖上边沿装有81片金涂鍮石耀叶，分为三层，最上层18片，中层27片，下层装36片（图3–8–5）。

4 轮衣：车顶内装有三层帷幔，称为轮衣，最上面两层轮衣纹样为青绣云龙瑞草，最下面一层没有纹样（图3–8–5）。

5 棂、桄：棂为辂车上窗格上的雕花木条（图3–8–5）。桄为辂车上的横木。

6 輢：《康熙字典》引："《说文》车横軨也。《正字通》车前有式，其两箱立木，置式其上。立者为輢，横者为轵。"式就是轼，是马车车厢前面用作扶手的横木。支撑横木的立木就是輢（图3–8–5）。

7 斿：通"旒"，旌旗上的装饰物。太常旗上有十二旒，阘戟上有九旒。

8 辂马、诞马：拖动辂车的马称为辂马、诞马，也以青色为饰。

9 平巾大袖：驾辂卫士穿戴青绘苎丝制的平巾帻和大袖衣（平巾帻见第五节中的图3–5–6）。

腰舆。制以香木，后背作山字牙，嵌七宝妆云龙屏风，上施金圈焰明珠，两傍引手。屏风下施雕镂云龙床。坐前有踏床，可贴锦褥一。坐上貂鼠缘金锦条褥，绿可贴方坐。

【注释】

扛在肩上的舆称为肩舆，扛在腰间的称为腰舆。复杂的舆有围栏和顶，如《女史箴图》中的肩舆（图 3-8-8，图 3-8-9）。

传唐代阎立本所绘《步辇图》，唐太宗所坐为腰舆（图 3-8-10）。元代的腰舆比《步辇图》中的复杂很多。元代腰舆是加大的椅、后背屏风和抬杠的合成物，座前还有脚踏。

《元志》所记元代宫廷所用腰舆，用香木制作，后背有山字牙支撑，上面嵌七宝妆云龙屏风。屏风上有金圈焰明珠，舆两边有扶手。屏风下是雕镂云龙床。座前有踏床，上面可以放一个锦褥。座上有貂鼠镶边的金锦条褥，绿疑为缘，形制如图 3-8-11 所示。

图3-8-8　传顾恺之绘《女史箴图》局部

图3-8-9 宋人绘《女史箴图》局部

图3-8-10　传阎立本绘《步辇图》局部

图3-8-11 腰舆复原图

> 象轿。驾以象，凡巡幸则御之。

【注释】

象轿：肩扛的轿在宋代就有了，可以在地形较为复杂的地方使用。

《三才图会》记古代称轿为肩舆和腰舆（图 3-8-12，图 3-8-13）。

元代则用象代替人力。《明史·舆服志》记载元代天子：“巡幸，或乘象轿，四时质孙之服，各随其宜。”“元皇帝用象轿，驾以二象。”据推测，元代象轿的样式可能如图 3-8-14 所示。

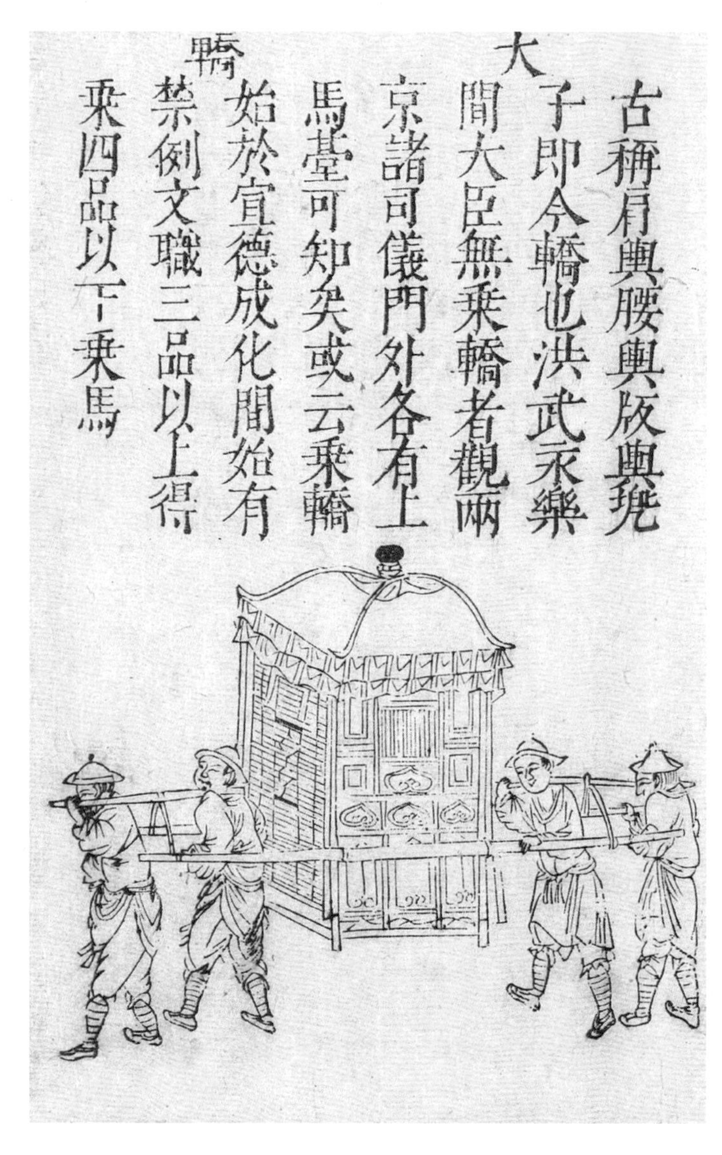

图3-8-12　《三才图会》中的大轿

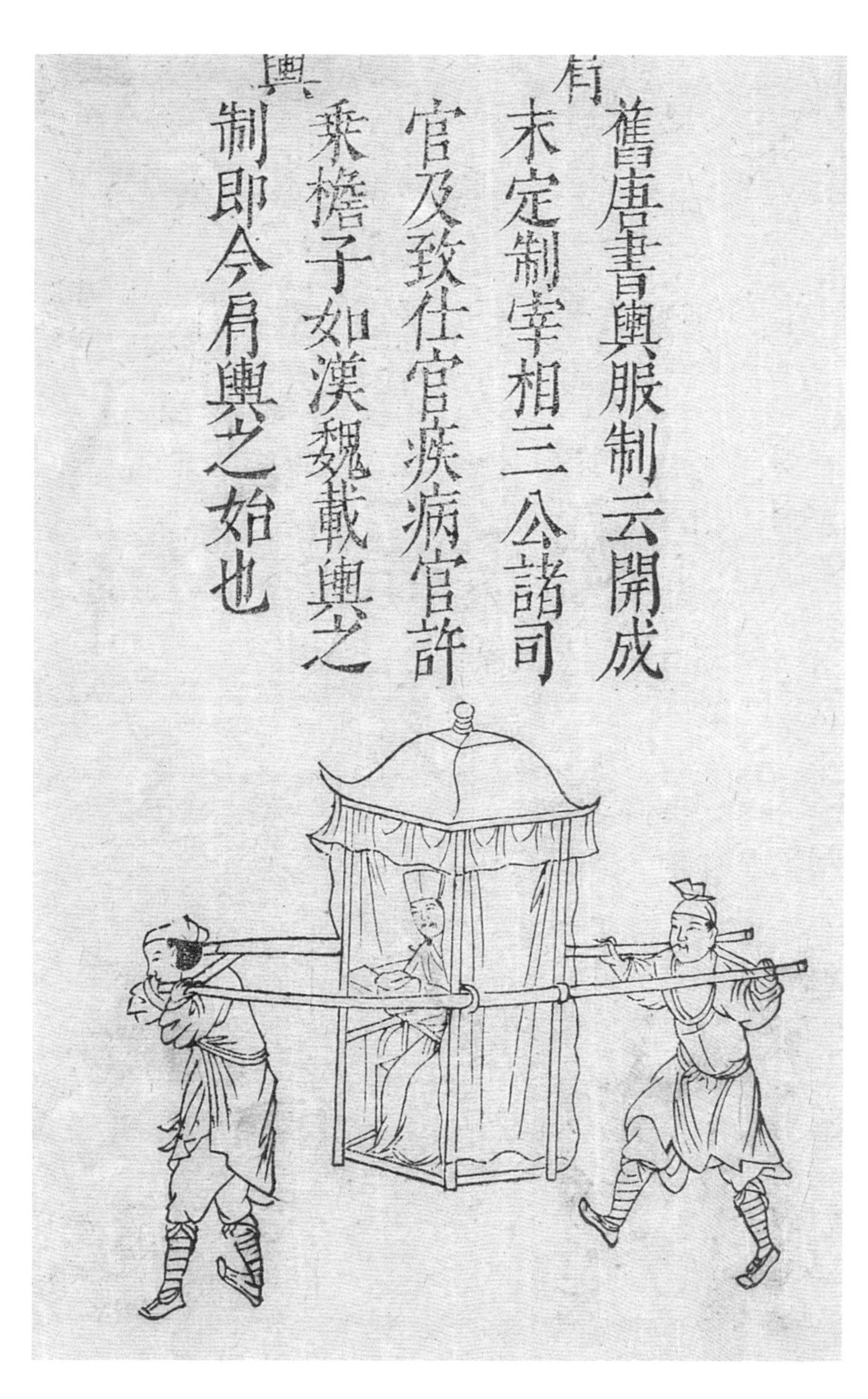

图3-8-13　《三才图会》中的肩舆

图3-8-14 象轿复原图

> 鞍辔，一品许饰以金玉，二品、三品饰以金，四品、五品饰以银，六品以下并饰以鍮石铜铁。

【注释】

鞍辔：元代鞍辔依据品级使用不同材质。辔是指安于马头上的嚼子和缰绳。鞍指马背上的坐具，包括与之配套的纺织品(图 3-8-15)。

图3-8-15 《三才图会》中的马上诸器图

附　录

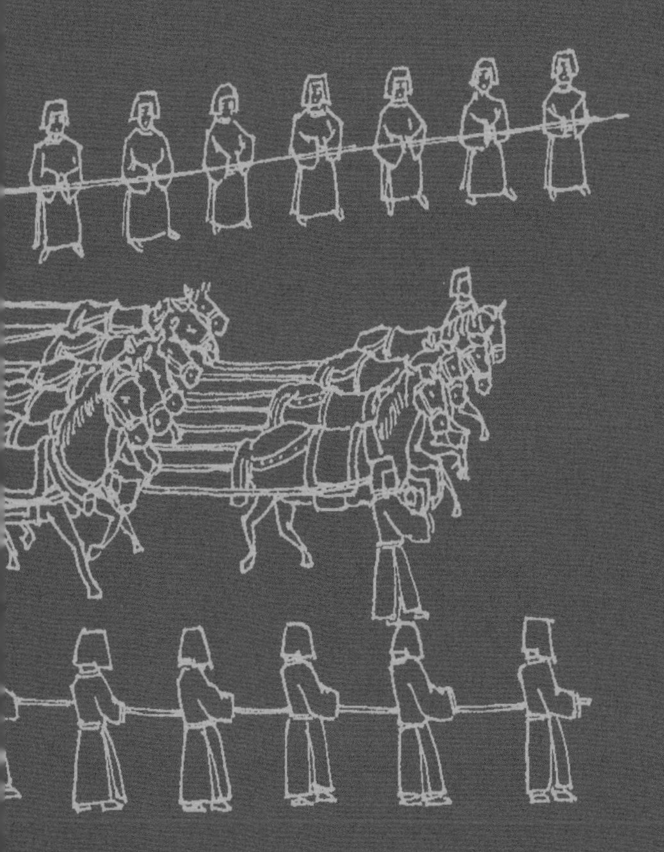

附录1：元代人物图像一览表

卷轴画				
编号	画作名称	装裱	作者	收藏
1	蹴鞠图	卷	传钱选	上海博物馆
2	宫女图	轴		日本私人收藏
3	仕女童子图	轴		日本私人收藏
4	鉴古图	轴		台北故宫博物院
5	马图	轴		台北故宫博物院
6	三阳开泰图	轴		台北故宫博物院
7	紫桑翁图	卷		私人收藏
8	品茶图	轴		日本大阪市立美术馆
9	群仙图	卷		私人收藏
10	洪崖行吟图	卷		私人收藏
11	佛澄禅定图	卷		日本私人收藏
12	群马图	卷		法国居美美术馆
13	五陵挟禅图	卷		英国大英博物馆
14	杨妃上马图	卷		美国弗利尔美术馆
15	摹阎立本西旅进獒图	卷		私人收藏
16	元世祖出猎图	轴	传刘贯道	台北故宫博物院
17	元代帝后图册	册		台北故宫博物院
18	消夏图	卷		美国纳尔逊美术馆
19	竹林仙子图	轴		台北故宫博物院
20	梦蝶图	卷		美国明德堂
21	涅槃图	轴	传颜辉	日本永保寺
22	寒山拾得图	轴		私人收藏
23	朱衣达摩图	轴		日本根津美术馆
24	李仙像	轴		日本京都知恩院
25	蛤蟆仙像	轴		日本京都知恩院

（续表）

26	人骑图	卷	传赵孟頫	北京故宫博物院
27	吹箫仕女图	卷		·
28	人马图	卷		美国大都会博物馆
29	故事人物图	轴		日本德川美术馆
30	秋郊饮马图	卷		北京故宫博物院
31	伯乐相马图	卷		英国大英博物馆
32	饮马图	卷		辽宁省博物馆
33	牧马图	轴		台北故宫博物院
34	调良图	页		台北故宫博物院
35	浴马图	卷		北京故宫博物院
36	浴象图	轴		台北故宫博物院
37	苏东坡小像图	页		台北故宫博物院
38	杜甫像	轴		北京故宫博物院
39	陶渊明像	轴		日本私人收藏
40	老子像	轴		北京故宫博物院
41	汤王征尹图	轴		台北故宫博物院
42	红衣罗汉图	卷		辽宁省博物馆
43	琴棋书画图	轴	传任仁发	日本东京国立博物馆
44	炀帝夜游图	轴		日本私人收藏
45	张果见明皇图	卷		北京故宫博物院
46	文殊菩萨像	轴		日本私人收藏
47	陶渊明像	轴	传赵子佼	辽宁省博物馆
48	百祥图	轴	传陈仁仲	台北故宫博物院
49	李齐贤像	轴	传陈鉴如	朝鲜李王家美术馆
50	吴全节十四像并赞	卷	传陈芝田	美国波士顿美术馆
51	货郎图	轴	传王振鹏	上海人民美术出版社
52	乾坤一担图	横幅		原平等阁藏
53	伯牙鼓琴图	卷		北京故宫博物院

（续表）

54	天目高峰禅师原妙像	轴	传赵雍	美国波士顿美术馆
55	临李龙眠九歌图	卷	传张渥	吉林省博物馆
56	宫女图	轴	传张芳寂	德国柏林东亚美术馆
57	牧童图	轴	传张芳汝	日本MOA美术馆
58	绳衣文殊图	轴	传雪涧	日本MOA美术馆
59	鱼篮观音图	轴	传李尧夫	日本私人收藏
60	三星围棋图	轴	传周白	日本根津美术馆
61	职贡图	卷	传任伯温	美国旧金山亚洲艺术馆
62	元人射猎图	卷	传赵孟頫	私人收藏
63	洛神图	轴	传卫九鼎	台北故宫博物院
64	后妃太子像	册	佚名	北京故宫博物院
65	元人秋猎图	卷		私人收藏
66	梅花仕女图	轴		台北故宫博物院
67	同胞一气图	轴		台北故宫博物院
68	春景货郎图	轴		台北故宫博物院
69	夏景戏婴图	轴		台北故宫博物院
70	百祥衍庆图	轴		台北故宫博物院
71	东坡像	册	传赵孟頫	台北故宫博物院
72	诸葛亮像	轴	佚名	北京故宫博物院
73	葛洪徙居图	卷		天津市艺术博物馆
74	吕洞宾图	轴		美国纳尔逊美术馆
75	三清图	轴		台北故宫博物院
76	群仙图	卷		上海博物馆
77	庄列高风图	卷		上海博物馆
78	招凉仕女图	页		台北故宫博物院
79	出巡图	卷		刘海粟美术馆
80	射雁图	轴		台北故宫博物院
81	游骑图	轴		台北故宫博物院

（续表）

82	观音像	轴	佚名	苏州灵岩山寺
83	华严海汇图	轴		台北故宫博物院
84	献寿图	轴		台北故宫博物院
85	维摩图	轴		美国大都会博物馆
86	饲马图	页		美国旧金山亚洲艺术馆
87	中峰明本像	轴		日本私人收藏
88	竹林大士像	轴		台北故宫博物院
89	元悟禅师像	轴		日本根津美术馆

石　窟　壁　画

编号	石窟名	洞窟号	壁画内容
1	安西榆林窟	3	甬道北壁、南壁下层男女供养人各五身
2	安西榆林窟	4	男供养人思钟达里太子画像
3	安西榆林窟	6	前室西壁明窗两侧各有两组供养人坐像
4	安西榆林窟	332	蒙古女供养人两身

寺　庙　壁　画

编号	名称	所在区域	壁画内容
1	芮城永乐宫	山西	以“天神”朝拜元始天尊为主题的“朝元图”
2	稷山青龙寺		腰殿四壁、后殿东西山墙和迦兰殿前檐均有元代壁画约196平方米
3	稷山兴化寺		隋代开凿，中殿后殿均有壁画，元代重修
4	高平圣姑庙		元代开凿，三教殿东西壁遗存元代壁画，绘诸仙女，画风与永乐宫壁画相似
5	洪洞广胜寺水神庙		创建于东汉，山墙上有残存元壁画16平方米
6	温县慈胜寺	河南	创建于五代，大雄殿内有残存元代壁画
7	洋县良马寺	陕西	始建于元中统二年，后檐壁上绘巨幅佛教画
8	义县奉国寺	辽宁	大雄宝殿内四壁满布元代所绘壁画

（续表）

墓室壁画				
编号	出土区域	墓葬名称	年代时期	可参考材料出处
1	山西	平定东回村	元代	山西省文物管理委员会，《山西平定县东回村古墓中的彩画》，《文物参考资料》1954年第12期
2	山西	瓦窑村墓	1320年	代德尊，《山西太原郊区宋、金、元代砖墓》，《考古》1965年第1期
3	山西	下土京墓	元代	山西省文物管理委员会、山西省考古研究所，《山西孝义下土京和梁家庄金、元墓发掘简报》，《考古》1960年第7期
4	山西	文水北峪口墓	元代	山西省文物管理委员会、山西省考古研究所，《山西省文水北峪口的一座古墓》，《考古》1961年第3期
5	山西	长治捉马村2号墓	元代	王进先，《山西省长治市捉马村元代壁画墓》，《文物》1985年第6期
6	山西	长治郝家庄墓	元代	长治市博物馆，《山西省长治县郝家庄元墓》
7	山西	司马乡北砖窑厂古墓	元代	朱晓芳、王进先，《山西省长治市南郊元代壁画墓》，《考古》1996年第6期
8	山西	运城西里庄墓	元晚期	山西省考古研究所，《山西运城西里庄元代壁画墓》，《文物》1988年第4期
9	山西	冯道真墓	1265年	大同市文物陈列馆、山西云冈文物管理所，《山西省大同市元代冯道真、王青墓清理简报》，《文物》1962年第10期
10	山西	大同齿轮厂1号墓	元代	大同市博物馆，《大同元代壁画墓》，《文物季刊》1993年第2期
11	山西	大同齿轮厂2号墓	元代	王银田、李树云，《大同市西郊元壁画墓》，《文物季刊》1995年第2期
12	山西	吴岭庄墓	1279年	山西省考古研究所，《山西新绛南范庄、吴岭庄金元墓发掘简报》，《文物》1983年第1期
13	山西	常德义墓	元代	《中国美术全集·绘画编12·墓室壁画》，文物出版社，1989年
14	北京	太子务村墓	元初期	张先得、袁进京，《北京市密云县元代壁画墓》，《文物》1984年第6期
15	北京	瞳里村墓	元代	祁庆国，《密云县瞳里村元代壁画墓》，中国考古学年鉴（1991）》，文物出版社，1992年

（续表）

16	山东	千佛山墓	元代	《中国美术全集·绘画编12·墓室壁画》，文物出版社，1989年
17	山东	郭店工区墓	1350年	济南市文化局、章丘县博物馆,《济南近年发现的元代砖雕壁画墓》,《文物》1992 年第 2 期
18	山东	大官庄墓	元代	
19	山东	刁镇茹庄墓	元代	
20	山东	西酒坞村墓	元代	
21	山东	济南柴油机厂墓	元代	济南市文化局文物处，《济南柴油机厂元代砖雕壁画墓》，《文物》1992年第2期
22	山东	青野村墓	元代	章丘市博物馆，《山东章丘青野元代壁画墓清理简报》，《华夏考古》1999年第4期
23	河南	伊川元墓	元代	洛阳市第二文物工作队，《洛阳伊川元墓发掘简报》，《文物》1993年第5期
24	福建	将乐光明乡元墓	元代	福建省博物馆、将乐县文化局、将乐县博物馆，《福建将乐元代壁画墓》，《考古》1995年第1期
25	内蒙古	三眼井2号墓	元代	项春松、王建国，《内蒙昭盟赤峰三眼井元代壁画墓》，《文物》1982年第1期
26	内蒙古	元宝山宁家营子墓	元代	项春松，《内蒙古赤峰市元宝山元代壁画墓》，《文物》1983年第4期
27	内蒙古	沙子山墓	元代	刘冰，《内蒙古赤峰沙子山元代壁画墓》，《文物》1992年第2期
28	内蒙古	翁牛特旗梧桐花乡元墓	元代	项春松、贾洪恩，《内蒙古翁牛特旗梧桐花乡元代壁画墓》，《北方文物》1992年第3期
29	内蒙古	德胜村元墓	元代	内蒙古自治区文化厅文化处、乌兰察布盟文物工作站，《内蒙古凉城县后德胜元墓清理简报》，《文物》1985年第6期
30	辽宁	凌源富家屯1号墓	元代	辽宁省博物馆、凌源县文化馆，《凌源富家屯元墓》，《文物》1985年第6期
31	甘肃	汪世显家族11、16号墓	元代	漳县文化馆，《甘肃省漳县元代汪世显家族墓葬·简报之二》，《文物》1982年第2期
32	陕西	洞耳村元墓	1269年	陕西省考古研究所，《陕西蒲城洞耳村元代壁画墓》，《考古与文物》2000年第1期
33	北京	耶律铸夫妇墓	1285年	北京市文物考古研究所，《耶律铸夫妇合葬墓出土珍贵文物》，《中国文物报》1999年1月31日第1版

（续表）

雕　塑				
编号	出土地	年代时期	类型	资料来源
1	陕西户县贺氏墓	元至大元年（1308）泰定四年（1327）	陶俑	咸阳地区文物管理委员会，《陕西户县贺氏墓出土大量元代俑，《文物》1979年第4期
2	西安曲江池西村元墓	元至元二年（1336年）	陶俑	陕西省文物管理委员会，《西安曲江池西村元墓清理简报，《文物参考资料》1958年第6期
3	新绛吴岭庄元墓	元	砖雕	山西省考古研究所，《平阳金墓砖雕》，山西人民出版社，1999年
4	江苏吴县吕师孟墓	元	金饰件	朱家溍，《中国美术全集》，文物出版社，1988年
5	·	元	银楮	朱家溍，《中国美术全集》，文物出版社，1988年

附录 2 :《元史 · 舆服志》服饰、车舆名称一览表

冕服	衮冕	綖
		旒
		黈纩
		玄紞
		玉瑱
		玉簪
	衮龙服	帝星、日、月、升龙、复身龙山、火、华虫、虎蜼
	裳	藻、粉米、黼、黻
	中单	·
	蔽膝	·
	玉佩	珩
		琚
		瑀
		冲牙
		璜
	大带	·
	玉环绶	纳石失
	红罗靴	·
	履	·
	袜	·
祭服	笼巾貂蝉冠	·
	獬豸冠	·
	梁冠	二梁至七梁
	水角簪金梁冠	·
	纱冠	·
	笼巾纱冠	·
	连蝉冠	·
	交角幞头	·
	展角幞头	·

（续表）

祭服	舒角幞头	·
	唐巾	·
	展角全二色罗插领	·
	方心曲领	·
	青罗服	领、袖、襕
	青罗袍	·
	鸦青袍	·
	紫罗公服	·
	窄袖紫罗服	·
	大袖夹衣	·
	褐罗大袖衣	·
	大红夹裳	·
	红罗裙	·
	红绫裙	·
	红梅花罗裙	·
	蔽膝	·
	中单	黄绫带
	绶绅	蓝织锦铜环绶绅
		红织锦铜环绶绅
		红织锦玉环绶绅
	佩	·
	笏	象笏、木笏
	青绶	·
	大红金绶结带	·
	大带	·
	银束带	·
	铜束带	·
	涂金荔枝	·
	镀金铜荔枝带	·

（续表）

<table>
<tr><td rowspan="13">祭服</td><td>乌角带</td><td>·</td></tr>
<tr><td>涂金束带</td><td>·</td></tr>
<tr><td>鞓带</td><td>·</td></tr>
<tr><td>偏带</td><td>·</td></tr>
<tr><td>皂靴</td><td>·</td></tr>
<tr><td>赤革履</td><td>·</td></tr>
<tr><td>革履</td><td>·</td></tr>
<tr><td>皂苎丝鞋</td><td>·</td></tr>
<tr><td>白绫袜</td><td>·</td></tr>
<tr><td>紫苎丝抹口青毡袜</td><td>·</td></tr>
<tr><td>白绢夹袜</td><td>·</td></tr>
<tr><td>白羊毳袜</td><td>·</td></tr>
<tr><td>黄绢单包复</td><td>·</td></tr>
<tr><td rowspan="13">质孙</td><td rowspan="2">质孙服</td><td>怯绵里</td></tr>
<tr><td>宝里</td></tr>
<tr><td rowspan="3">暖帽</td><td>红金褡子</td></tr>
<tr><td>白金褡子</td></tr>
<tr><td>银鼠</td></tr>
<tr><td>七宝重顶冠</td><td>·</td></tr>
<tr><td>比肩</td><td>·</td></tr>
<tr><td>宝顶金凤钹笠</td><td>·</td></tr>
<tr><td>珠子卷云冠</td><td>·</td></tr>
<tr><td>冠白藤宝贝帽</td><td>·</td></tr>
<tr><td>金凤顶漆纱冠</td><td>·</td></tr>
<tr><td>七宝珠龙褡子</td><td>·</td></tr>
<tr><td>黄牙忽宝贝珠子带后檐帽</td><td>·</td></tr>
<tr><td rowspan="4">公服</td><td>幞头</td><td>·</td></tr>
<tr><td>笏</td><td>·</td></tr>
<tr><td>偏带</td><td>·</td></tr>
<tr><td>靴</td><td>·</td></tr>
</table>

（续表）

仪卫服色	交角幞头	·
	凤翅幞头	·
	学士帽	·
	唐巾	·
	控鹤幞头	·
	花角幞头	·
	锦帽	·
	平巾帻	·
	武弁	·
	甲骑冠	·
	抹额	·
	巾	·
	兜鍪	·
	衬甲	·
	云肩	·
	裲裆	·
	衬袍	·
	士卒袍	·
	窄袖袍	·
	辫线袄	·
	控鹤袄	·
	窄袖袄	·
	乐工袄	·
	甲	·
	臂鞲	·
	锦螣蛇	·
	束带	·
	绦环	·
	汗胯	·
	行縢	·

（续表）

仪卫服色	鞋	·
	鞝鞋	·
	云头靴	·
舆辂	玉辂	栲栳轮盖
		金涂鍮石耀叶
		轮衣
		流苏
		玉杂佩
		鍮石钩挂
		柜
		朱漆勾阑
		辕
		轴
		箱
		朱漆轼柜
		轊
		太常旗
		阘戟
		龙椅
		辂马、诞马
	金辂	·
	象辂	·
	革辂	·
	木辂	·
	腰舆	·
	象轿	·

参考文献

一、史籍

[1] 宋濂．元史［M］．北京：中华书局，1976.

[2] 脱脱．宋史［M］．北京：中华书局，1977.

[3] 张廷玉．明史［M］．北京：中华书局，1974.

[4] 柯劭忞．新元史［M］．元史二种［M］．上海：上海古籍出版社，1989.

[5] 刘昫．旧唐书［M］．北京：中华书局，1975.

[6] 欧阳修．新唐书［M］．北京：中华书局，1975.

[7] 李林甫．唐六典［M］．北京：中华书局，1992.

[8] 陈高华，等（校注）．元典章［M］．北京：中华书局，2011.

[9] 道森．出使蒙古记［M］．北京：中国社会科学出版社，1983.

[10] 段成式，黄休复．元代画塑记［M］．北京：人民美术出版社，1964.

[11] 忽思慧，尚衍斌，林欢．饮膳正要［M］．北京：中央民族大学出版社，2009.

[12] 李修生．全元文［M］．江苏：江苏古籍出版社，2004.

[13] 陶宗仪．南村辍耕录［M］．北京：中华书局，1959.

[14] 熊梦祥．析津志辑佚［M］．北京：北京古籍出版社，1983.

[15] 权衡著．任崇岳注．庚申外史笺证［M］．郑州：中州古籍出版社，1991.

[16] 郑思肖．心史［M］．上海：广智书局，1906.

[17] 叶子奇．草木子［M］．北京：中华书局，1959.

[18] 吴曾．能改斋漫录［M］．上海：上海古籍出版社，1960.

[19] 马可·波罗行纪［M］．福州：福建科学技术出版社，1981.

[20] 彭大雅，等．黑鞑事略及其他四种［M］．丛书集成初编：上海：商务印书馆，1937.

[21] 王世贞．觚不觚录［M］．笔记小说大观·五编［M］．台北：台北新兴书局，1986.

[22] 宇文懋昭．二十五别史·大金国史［M］．济南：齐鲁书社，2000.

[23] 钱大昕．十驾斋养新录［M］．上海：上海书店出版社，1987.

[24] 宋应星．天工开物［M］．上海：商务印书馆，1954.

[25] 沈括. 梦溪笔谈［M］. 北京：中华书局，2009.
[26] 孟元老. 东京梦华录［M］. 郑州：中州古籍出版社，2010.
[27] 徐松. 宋会要辑稿［M］. 北京：中华书局，1957
[28] 杜佑. 通典［M］. 长沙：岳麓书社，1988.
[29] 马端临. 文献通考［M］. 北京：中华书局，1986.
[30] 十三经注疏［M］. 北京：中华书局，1980.
[31] 李学勤. 十三经注疏·尔雅注疏［M］. 北京：北京大学出版社，1999.
[32] 任继愈. 中华传世文选［M］. 吉林：吉林人民出版社，1998.
[33] 高承. 事物纪原［M］. 文渊阁四库全书［M］. 上海：上海古籍出版社，1987.
[34] 李匡乂. 资暇集［M］. 文渊阁四库全书［M］. 上海：上海古籍出版社，1987.
[35] 明太祖实录［M］. 国立北平图书馆红格抄本影印本 .
[36] 沈括著，胡道静校证. 梦溪笔谈校正［M］. 上海：上海古籍出版社，1987.
[37] 元朝秘史［M］. 济南：齐鲁书社，2005.
[38] 郑光. 老乞大［M］. 北京：外语与研究出版社，2002.
[39] 聂崇义. 三礼图［M］. 宋淳熙二年刻本.
[40] 王圻. 三才图会［M］. 上海：上海古籍出版社，1988.
[41] 全相平话五种［M］. 元至治间新安虞氏刊本.
[42] 顾野王. 宋本玉篇［M］. 北京：中国书店，1983.
[43] 郑樵. 通志［M］. 北京：中华书局，1987.

二、论著

[1] 沈从文. 中国古代服饰研究（增订本）［M］. 上海：上海书店出版社，1997.
[2] 包铭新. 中国染织服饰史图像导读［M］. 上海：东华大学出版社，2010.
[3] 王慎荣. 元史探源［M］. 吉林：吉林文史出版社，1991.
[4] 周锡保. 中国古代服饰史［M］. 北京：中国戏剧出版社，1984.
[5] 陈娟娟，黄能馥. 中国服装史［M］. 北京：中国旅游出版社，1995.
[6] 陈娟娟，黄能馥. 中国丝绸科技艺术七千年［M］. 北京：中国纺织出版社，2002.
[7] 周汛，高春明. 中国历代妇女妆饰［M］. 香港：三联书店（香港）有限公司，1988.
[8] 孙机. 中国古舆服论丛［M］. 北京：文物出版社，1993.
[9] 周汛，高春明. 中国衣冠大辞典［M］. 上海：上海辞书出版社，1996.
[10] 周汛，高春明. 中国服饰五千.［M］. 香港：商务印书馆香港分馆，1984.

[11] 高春明．中国服饰名物考［M］．上海：上海文化出版社，2001.
[12] 常沙娜．中国敦煌历代图案［M］．北京：中国轻工业出版社，2001.
[13] 李肖冰．中国西域民族服饰研究［M］．乌鲁木齐：新疆人民出版社，1995.
[14] 常沙娜．中国织绣服饰全集 1·织染卷［M］．天津：天津人民美术出版社，2004.
[15] 常沙娜．中国织绣服饰全集 2·刺绣卷［M］．天津：天津人民美术出版社，2004.
[16] 常沙娜．中国织绣服饰全集 3·历代服饰卷（上）［M］．天津：天津人民美术出版社，2004.
[17] 季羡林．敦煌学大辞典［M］．上海：上海辞书出版社，1998.
[18] 赵丰．中国丝绸艺术史［M］．北京：文物出版社，2005.
[19] 赵丰．黄金·丝绸·青花瓷：马可·波罗时代的时尚艺术［M］．香港：艺纱堂服饰出版社，2005.
[20] 敦煌研究院．中国石窟·安西榆林窟［M］．北京：文物出版社，1997.
[21] 吕思勉．中国民族史［M］．上海：上海大百科全书出版社，1987.
[22] 张碧波、董国尧．中国古代北方民族文化史·民族文化卷［M］．哈尔滨：黑龙江人民出版社，1993.
[23] 钱小萍．中国传统工艺全集丝绸染织［M］．郑州：大象出版社，2005.
[24] 韩儒林．元朝史［M］．北京：人民出版社，2008.
[25] 韩儒林．穹庐集：元史及西北民族史研究［M］．上海：上海人民出版社，1982.
[26] 周良霄，顾菊英．元代史［M］．上海：上海人民出版社，1993.
[27] 屠寄．元史二种·蒙兀兒史记［M］．上海：上海古籍出版社，1989.
[28] 尚刚．元代工艺美术史［M］．沈阳：辽宁教育出版社，1999.
[29] 尚刚．世界美术全集·中国五代宋元卷［M］．北京：中国人民大学出版社，2004.
[30] 陈高华，张帆，刘晓．元代文化史［M］．广州：广东教育出版社，2009.
[31] 陈高华，史卫民．元代大都上都研究［M］．北京：中国人民大学出版社，2010.
[32] 周春健．元代四书学研究［M］．上海：华东师范大学出版社，2008.
[33] 孟嗣徽，李文儒．元代晋南寺壁画群研究［M］．北京：紫禁城出版社，2011.
[34] 余辉．元代绘画［M］．上海：上海科学技术出版社，2005.
[35] 杨义．中国古典文学图志：宋辽、西夏、金、回鹘、吐蕃、大理、元代卷［M］．香港：三联书店，2006.
[36] 韩磊．元代宫廷史［M］．天津：百花文艺出版社，2008.
[37] 陈高华，史卫民．中国风俗通史［M］．上海：上海文艺出版社，2001.

[38] 谭志湘，李一. 中华艺术通史：元代卷［M］. 北京：北京师范大学出版社，2006.

[39] 王朝闻，邓福星. 中国美术史·第8卷元代卷［M］. 北京：北京师范大学出版集团，2011.

[40] 欧阳云. 元代绘画艺术鉴赏［M］. 西安：陕西出版集团，2011.

[41] 彭久安，刘烈茂，金开诚，等. 元代散曲选译［M］. 南京：凤凰出版社，2011.

[42] 中国寺观壁画全集编辑委员会. 中国寺观壁画全集2：元代寺观陆法会图［M］. 广州：广东教育出版社，2011.

[43] 史卫民. 元代社会生活史［M］. 北京：中国社会科学出版社，2005.

[44] 李凇. 山西寺观壁画新证［M］. 北京：北京大学出版社，2011.

[45] 佚名. 元朝秘史［M］. 济南：齐鲁书社，2005.

[46] 邱树森. 元朝史话［M］. 北京：中国国际广播出版社，2009.

[47] 唐昱. 元杂剧宗教人物形象研究［M］. 武汉：武汉出版社，2011.

[48] 金维诺. 中国寺观壁画典藏：山西稷山兴化寺壁画［M］. 石家庄：河北美术出版社，2001.

[49] 朱耀廷. 蒙元帝国［M］. 北京：人民出版社，2010.

[50] 王瑜. 中国古代北方民族与蒙古族服饰［M］. 北京：北京图书馆出版社，2009.

[51] 杨孝鸿. 中国时尚文化史（宋元明卷）［M］. 济南：山东画报出版社，2011.

[52] 萧军. 永乐宫壁画（精）［M］. 北京：文物出版社，2010.

[53] 王国维. 宋元戏曲史［M］. 北京：团结出版社，2006.

[54] 陈履生. 中国人物画·元明卷［M］. 南宁：广西美术出版社，2000.

[55] 崔圭顺. 中国历代帝王冕服研究［M］. 上海：东华大学出版社，2008.

[56] 盖山林. 蒙古族文物与考古研究［M］. 沈阳：辽宁民族出版社，1999.

[57] 马曼丽，切排，杨建新. 中国西北少数民族通史·蒙元卷［M］. 北京：民族出版社，2009.

[58] 刘永华. 中国古代车舆马具［M］. 北京：清华大学出版社，2013.

[59] L.Dashnyam / Sarrul. *Mongol Costume*［M］. Published by Academy of National Costumes Research.

[60] C.Kaplonski. *History Of Mongolia* [M]. Published by University of Cambridge.

三、论文

（一）考古报告

[1] 张小丽. 西安曲江元代张达夫及其夫人墓发掘简报［J］. 文物，2013（8）.

[2] 张小丽. 西安曲江缪家寨元代袁贵安墓发掘简报［J］. 文物，2016（7）.

[3] 邢福来. 陕西横山罗圪台村元代壁画墓发掘简报［J］. 考古与文物，2016（5）.

[4] 邢心田. 焦作中站区元代靳德茂墓道出土陶俑［J］. 中原文物，2008.

[5] 项春松. 内蒙昭盟赤峰三眼井元代壁画墓［J］. 文物，1982（1）.

[6] 陕西省考古研究所. 陕西蒲城洞耳村元代壁画墓［J］. 考古与文物，2000（1）.

[7] 王久刚. 西安南郊元代王世英墓清理简报［J］. 文物，2008（6）.

[8] 张先得. 北京市密云县元代壁画墓［J］. 文物，1984（6）.

[9] 负安志. 陕西户县贺氏墓出土大量元代俑［J］. 文物，1979（5）.

[10] 孙福喜. 西安东郊元代壁画墓［J］. 文物，2004（1）.

[11] 刘善沂. 济南近年发现的元代砖雕壁画墓［J］. 文物，1992（2）.

[12] 朱晓芳. 山西长治市南郊元代壁画墓［J］. 考古，1996（6）.

[13] 杨琮. 福建将乐元代壁画墓［J］. 考古，1995（1）.

[14] 王大方. 内蒙古凉城县后德胜元墓清理简报［J］. 文物，1994（10）.

[15] 山东省博物馆. 发掘明朱檀墓纪实［J］. 文物，1972（5）.

（二）研究论文

[1] 孙机. 步摇、步摇冠与摇叶饰片［J］. 文物，1991（11）.

[2] 苏日娜. 蒙元服饰研究综述［J］. 黑龙江民族丛刊，2007（3）.

[3] 苏日娜. 蒙元时期蒙古人的袍服和靴子：蒙元时期蒙古族服饰研究之三［J］. 黑龙江民族丛刊，2000（3）.

[4] 苏日娜. 蒙元时期蒙古族的服饰原料［J］. 黑龙江民族丛刊，2000（1）.

[5] 苏日娜. 蒙元时期的头饰［J］. 中央民族大学学报，2008（4）.

[6] 赵丰. 蒙元龙袍的类型及地位［J］. 文物，2006（8）.

[7] 赵丰. 蒙元胸背极其源流［J］. 东方博物，2006（1）.

[8] 李莉莎. 罟罟冠的演变与形制［J］. 内蒙古大学学报，2007（1）.

[9] 田丽艳. 顾姑冠四题［J］. 内蒙古大学艺术学院学报，2004（12）.

[10] 董晓荣. 蒙元时期蒙古族衣着左右衽与尊右卑左习俗［J］. 兰州学刊，2010（4）.

[11] 罗玮. 明代的蒙元服饰遗存初探［J］. 首都师范大学学报，2010（3）.

[12] 赵丰，薛雁. 明水出土的蒙元丝织品［J］. 内蒙古文物考古，2001（1）.

[13] 金琳. 云肩在蒙元服饰中的应用［J］. 内蒙古大学艺术学院学报，2006（3）.

[14] 董晓荣. 敦煌壁画中的蒙古族供养人云肩研究［J］. 敦煌研究，2011（3）.

[15] 尚刚. 唐、元青花叙论［J］. 中国文化，1994（9）.

[16] 尚刚. 鸳鸯鸂鶒满池娇：由元青花莲池图案引出的话题［J］. 装饰（中央工艺美术学院学报），1995（2）.

[17] 尚刚. 元代的织金锦［J］. 传统文化与现代化，1995（6）.

[18] 尚刚. 元代丝绸的若干问题［J］. 学人，1996（9）.

[19] 尚刚. 有意味的支流：元代工艺美术的文人趣味和复古风气［J］. 装饰（清华大学美术学院学报），2002（3）.

[20] 尚刚. 纳石失在中国［J］. 东南文化（南京博物院院刊），2003（8）.

[21] 尚刚. 蒙元御容［J］. 故宫博物院院刊，2004（3）.

[22] 尚刚. 蒙元织锦［J］.（2004 年 8 月中国元史学会，北京：南开大学主办元代社会与元世祖忽必烈国际学术研讨会论文）.

[23] 尚刚. 蒙元［J］.（2004 年 8 月内蒙古文化厅，北京大学，清华大学主办蒙元文化与历史国际学术研讨会论文）.

[24] 尚刚. 苍狼白鹿元青花［J］.（中国丝绸博物馆，清华大学美术学院主办丝绸之路与元代艺术国际学术研讨会论文）. // 赵丰，尚刚. 丝绸之路与元代艺术国际学术研讨会论文集. 香港：艺纱堂服饰出版社，2005.

[25] 乌云. 元代蒙古族袍服述略［J］. 美术观察，2009（6）.

[26] 田小娟. 说“芾”［J］. 四川文物，2015（4）.

[27] 徐吉军. 南宋时期的服饰制服与服饰风尚［J］. 浙江学刊，2015（6）.

[28] 华梅.《舆服志》中的纵向符号标示体系研究［J］. 天津师范大学学报：社科版，2010（4）.

[29] 徐文静. 元代墓室壁画人物服饰形制探析［J］. 内蒙古大学学报，2010（7）.

[30] 夏秀荷，赵丰. 达茂旗大苏吉乡明水墓地出土的丝织品［J］. 草原文物，1992（Z1）.

[31] 吴爱琴. 谈中国古代服饰中的佩挂制度［J］. 华夏考古，2005（4）.

[32] 宫艳君. 隆化鸽子洞元代窖藏中的纳石矢［J］. 文物春秋，2008（4）.

[33] 李莉莎. 质孙服考略［J］. 内蒙古大学学报，2008（2）.

[34]［俄］Zvezdana Dode. 蒙古时期丝绸装饰中的中国、伊朗和中亚艺术传统的鉴别：从术赤・兀罗斯 (Ulus Djuchi) 出土的黄金部族的遗物来看［J］. 东方博物，2006(2).

[35] 茅惠伟. 元代服用缂丝［J］. 丝绸，2007（7）.

[36] 马建春. 元代西域纺织技艺的引进［J］. 新疆大学学报：哲学人文社会科学版，2005（2）.

[37] 宫艳君. 隆化鸽子洞元代窖藏中的纳石失 [J]. 文物春秋，2008 (4).
[38] 赵静.《清史稿·舆服志》研究综述 [J]. 长江大学学报：社会科学版，2011 (8).
[39] 高冰清.《宋史·舆服志三》订误二则 [J]. 中华文史论丛，2012 (5).
[40] 李甍.《金史·舆服志》的史料来源及订误三则 [J]. 南京艺术学院学报：美术与设计版，2016 (4).
[41] 于炳文. 汉代朱幡轺车试考 [J]. 考古，1998 (3).
[42] 薛小林. 从车驾出行看汉代地方官员的礼仪与权力 [J]. 理论学刊，2011 (1).
[43] 阎步克. 乐府诗《陌上桑》中的“使君”与“五马”——兼论两汉南北朝车驾等级制的若干问题 [J]. 北京大学学报（哲学社会科学版），2011 (2).
[44] 纪向宏.《旧唐书·舆服志》中的服色及章纹体系建制 [J]. 艺术与设计：理论版，2012 (12).
[45] 纪向宏. 两《唐书·(车)舆服志》中的佩饰制度 [J]. 艺术与设计，2014 (1).
[46] 纪向宏. 两《唐书·(车)舆服志》中的礼仪服饰探析 [J]. 艺术与设计，2014 (7).
[47] 霍宇红，刘凤祥. 赤峰元墓壁画人物服饰研究 [J]. 内蒙古文物考古，2001 (2).
[48] 谢静. 敦煌石窟中蒙古族供养人服饰研究 [J]. 敦煌研究，2008 (5).
[49] 吴琼. 元代“国俗”制度对舆服的影响 [J]. 江西社会科学，2011 (4).
[50] 李莉莎. 蒙古族古代断腰袍及其变迁 [J]. 内蒙古社会科学：汉文版，2011 (5).
[51] 任冰心，吴钰. 服饰管窥元代的身份制度 [J]. 宁夏大学学报：人文社会科学版，2013 (1).
[52] 竺小恩. 敦煌壁画中的蒙元服饰研究 [J]. 浙江纺织服装职业技术学院学报，2013 (1).
[53] 王伟. 元代服饰与身份制度体系考证 [J]. 兰台世界，2015 (19).
[54] 李莉莎. 元代服饰制度中南北文化的碰撞与融合 [J]. 内蒙古师范大学学报：哲学社会科学版，2009 (3).
[55] 苏力. 原本（老乞大）所见元代衣俗 [J]. 呼伦贝尔学院学报，2006 (5).
[56] 欧阳琦. 元代服装小考 [J]. 装饰，2006 (8).
[57] 白秀梅. 元代宫廷服饰制度的政治因素 [J]. 赤峰学院学报：哲学社会科学版，2012 (8).
[58] 白秀梅. 元代宫廷服饰制度形成的经济因素 [J]. 阴山学刊，2008 (5).
[59] 董晓荣. 元代蒙古族所着半臂形制研究 [J]. 内蒙古民族大学学报：社会科学版，2010 (5).
[60] 王正书. 元代玉雕带饰和腰佩考述 [J]. 上海博物馆集刊，2002.
[61] 林永莲. 汉明帝刘庄与《后汉书·舆服志》[J]. 兰台世界，2013 (24).

（三）学位论文

[1] 王兵.《宋史·舆服志》研究［D］. 上海：上海师范大学，2013.
[2] 邢昊.《后汉书·舆服志》车舆类名物词研究［D］. 重庆：重庆师范大学，2014.
[3] 陈碧芬.《后汉书·舆服志》服饰语汇研究［D］. 重庆：重庆师范大学，2014.
[4] 汪少华. 中国古车舆名物考辨［D］. 上海：华东师范大学，2004.
[5] 马骁. 东汉服饰制度考略［D］. 吉林：吉林大学，2009.
[6] 谢男山. 秦汉时期舆制研究［D］. 南昌：江西师范大学，2010.
[7] 王雪莉. 宋代服饰制度研究［D］. 杭州：浙江大学，2006.
[8] 束霞平. 清代皇家仪仗研究［D］. 苏州：苏州大学，2011.
[9] 宋丙玲. 北朝世俗服饰研究［D］. 济南：山东大学，2008.
[10] 杨奇军. 中国明代文官服饰研究［D］. 济南：山东大学，2008.
[11] 罗袆波. 汉唐时期礼仪服饰研究［D］. 苏州：苏州大学，2011.
[12] 董延年. 秦汉车舆制度文化研究［D］. 济南：山东大学，2011.
[13] 罗玮. 汉世胡风：明代社会中的蒙元服饰遗存研究［D］. 北京：首都师范大学，2012 .
[14] 赵学江. 蒙元关中服饰文化研究［D］. 西安：西北大学，2011.
[15] 车玲. 以图像为主要材料的蒙元服饰研究［D］. 上海：东华大学，2011.
[16] 姚进. 元代服饰设计史料研究［D］. 株洲：湖南工业大学，2013.
[17] 刘珂艳. 元代纺织品纹样研究［D］. 上海：东华大学，2014.
[18] 曹星星. 水神庙－元杂剧壁画中的服饰表现［D］. 太原：山西大学，2015.
[19] 白秀梅. 元代宫廷服饰制度探析［D］. 呼和浩特：内蒙古大学，2006.
[20] 杨艳芳.《后汉书·舆服志》探析［D］. 新乡：河南师范大学，2011.

后 记

我跟随包铭新先生读书期间，一直在老师的指导下从事以图证史的实践，通过不断学习试图用图像学的方法去了解服饰的历史。本书的写作，是这个学习实践过程的延续。写作本书的契机来自于同门李甍老师的在研项目，她一直在进行图释历代舆服志的研究工作。在李甍老师的鼎力帮助和参与下，本书项目得以顺利进行。

《元史·舆服志》的图证工作遇到不少困难，首先，各种原因导致《元史》编纂粗疏，这一点历代学者多有评判。《元史·舆服志》同样非常简略，是历代舆服记载最为简陋的，没有后妃服饰的记录，服饰种类也很少。其次，元代服饰有不少是蒙古语音译，史书中的音译不尽相同，本人不通蒙古语，阅读这些原始文献如坠云里雾里。第三，如赵丰老师所言，考古永远是个遗憾，因为古人没有把所有的东西都埋进土里，今人也不可能把土里所有的古物都挖出来，今人在研究服饰史的时候难免遇到很多谜题。不是《舆服志》中所有的器物都能找到对应的图像，研究过程类似破案，需要对现有文字和图像做比对，进行合理推理。而有些服饰名称实在无法找到对应的图像，只能留下遗憾，等待新的发现。如包铭新先生所言，服饰史研究如同补墙，后辈学者当努力完善前人之研究，补不足和缺漏，即使只补了墙上一个小孔，那也算为史学研究尽一份绵薄之力。

本书的完成还要感谢很多人，要感谢走在前面的同行，本书引用了很多其他研究者的成果；感谢编辑马文娟女士的大力帮助；感谢戴扬本先生在百忙中抽出时间对本书进行审校；感谢同门学友的支持。

本人才疏学浅，又因编撰匆忙，本书必有很多疏漏，读者同行若发现书中有错漏之处，敬请不吝指正。

曹喆

2017年10月31日